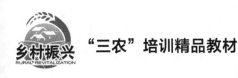

"三农"培训精品教材

生猪产业化生产技术

● 费山平　梁宝利　郭田顺　主编

中国农业科学技术出版社

图书在版编目（CIP）数据

生猪产业化生产技术／费山平，梁宝利，郭田顺
主编. --北京：中国农业科学技术出版社，2023.7
（2024.12 重印）
 ISBN 978-7-5116-6327-6

 Ⅰ.①生… Ⅱ.①费… ②梁… ③郭… Ⅲ.①养猪学
Ⅳ.①S828

中国国家版本馆 CIP 数据核字（2023）第 119931 号

责任编辑	施睿佳 姚 欢	
责任校对	王 彦	
责任印制	姜义伟 王思文	

出 版 者	中国农业科学技术出版社	
	北京市中关村南大街 12 号	邮编：100081
电 话	(010) 82106631（编辑室）	(010) 82109702（发行部）
	(010) 82109709（读者服务部）	
网 址	https://castp.caas.cn	
经 销 者	各地新华书店	
印 刷 者	北京中科印刷有限公司	
开 本	140 mm×203 mm 1/32	
印 张	5.5	
字 数	140 千字	
版 次	2023 年 7 月第 1 版 2024 年 12 月第 2 次印刷	
定 价	36.00 元	

前　　言

中国是个农业大国，有着较长的养猪历史。养猪业在我国农业生产中是优势产业，在农村经济中占有重要地位，不仅满足了人民的消费需求，而且为农民增收、农村劳动力就业、粮食转化、推动相关产业的发展作出了重大贡献。尽管我国养猪业取得了显著的成就，但也存在着规模小、管理不到位、生产效率低下、疫情防控薄弱等一系列问题，难以适应现代畜牧业生产发展的需要。近年来，在我国政府大力扶持和推动下，我国农业养殖技术不断发展，规模化大型养殖场不断增加，养殖业朝着标准化、产业化方向发展。

本书紧贴生猪生产实践，结合生猪产业化生产最新技术，围绕生猪生产的各个要素，从猪场建设、猪的品种、猪的选种与选配技术、猪的繁殖、猪的营养与饲料、猪的饲养管理技术、猪场生物安全体系、猪常见疾病的防治技术 8 个方面进行了详细介绍。本书内容全面、结构清晰、语言通俗，对提升生猪养殖人员的产业化生产水平具有重要的指导意义。

由于编者水平有限，加上时间仓促，书中难免会有不当之处，欢迎读者朋友批评指正。

编　者
2023 年 5 月

目　　录

第一章　猪场建设

第一节　猪场场址的选择与布局

一、猪场场址的选择

选择猪场场址，涉及地势、交通、面积、水电、防疫等多个方面。工作人员应经过周密计划，事先观察，选择符合当地土地利用发展规划和村镇建设发展规划的猪场场址。

（一）地势条件

猪场地势应高燥、平坦、有缓坡，坡度为1°~3°，最大不超过25°。地下水位要距地表2米以上。

地势低洼的场地容易积水而潮湿泥泞，且夏季通风不良、空气闷热，有利于蚊蝇和微生物滋生，而冬季则显阴冷。坡度过大，不仅在施工中需要大量填挖土方，增加工程投资，而且在建成投产后也会给场内的运输和管理工作造成不便。

（二）交通条件

猪场要求交通便利，特别是大型集约化的商品场，饲料、产品、粪污废弃物运输量很大，为了减少运输成本，在防疫条件允许的情况下，场址应保证拥有便利的交通条件。交通干线又往往是疫病传播的途径，因此选择场址时既要考虑交通方便，又要使猪场与交通干线保持适当的距离。猪场要修建专用道路与主要公路相连，以保证饲料的就近供应、产品的就近销售及粪污和废弃物的就地利用和处理等，以降低生产成本和防止污染周围环境。如果利用防疫沟、隔离林或围墙将猪场与周围环境分隔开，则可适当减小猪场与交通干线的距离以方便运输和对外联系。

（三）水电资源

水源是选择场址的先决条件。一方面，水源要充足，包括人畜用水；另一方面，水质要符合饮用水标准。此外，应选择距电源较近的地方，既可以节省输变电开支，供电又稳定。

（四）卫生防疫

猪场应远离居民区、兽医机构、屠宰场、公路、铁路干线1 000米以上，并根据当地常年主导风向，使猪场位于居民点的下风向和地势较低处，同时要避开居民点的污水排出口。猪场与其他牧场也要保持足够的距离。

二、猪场场址的布局

猪场建设要科学合理的规划布局，可以减少建场投资、方便生产管理、利于卫生防疫、降低生产运行成本。

（一）猪场规划布局的基本原则

（1）场内总体布局应体现建场方针、任务，在满足生产要求的前提下，做到节约用地。

（2）大型猪场应根据各区域的功能进行区域划分，分别规划。

（3）按全年主导风向，由上到下依次排列种公猪舍、空怀母猪舍、妊娠母猪舍、分娩哺乳舍、断奶仔猪舍、生长（后备）猪舍、育肥猪舍等各类猪舍。

（4）场内净道和污道必须严格分开，不得交叉。

（5）猪舍朝向和间距必须满足日照、通风、防火、防疫和排污的要求，猪舍朝向以南向或南向偏东 30°以内为宜；同一列相邻两猪舍纵墙间距控制在 8～12 米为宜、同一排相邻两猪舍横墙间距以不少于 15 米为宜。

（6）建筑布局要紧凑，在满足当前生产的同时，适当考虑未来技术提高和改扩建的可能性。

（二）规划猪场场地

猪场场地规划要考虑的因素较多，主要应有利于卫生防疫和饲养管理。猪场场地主要包括生活区、生产管理区、生产区、隔离区、场内道路和排水、场区绿化等。为便于防疫和安全生产，应根据当地全年主导风向和场址地势，有序安排以上各区。

1. 生活区

生活区包括文化娱乐室、职工宿舍、食堂等。此区应设在猪场大门外，上风向或偏风向和地势较高的地方，同时其位置应便于与外界联系。

2. 生产管理区

生产管理区又称生产辅助区，包括行政和技术办公室、接待室、饲料加工调配车间（如采购饲料，则不用设置）、饲料储藏库、办公室、水电供应设施、车库、杂品库、消毒池、更衣消毒和洗澡间等。该区与日常饲养工作关系密切，距生产区不宜太远。

3. 生产区

生产区包括各类猪舍和生产设施，如各种生产猪舍、隔离舍、消毒室、兽医室、药房、值班室、饲料间。该区是猪场的最主要区域，严禁外来车辆进入，也禁止生产区车辆外出。

生产区应独立、封闭和隔离，至少远离生活区和生产管理区100 米，并用围墙或铁丝网封闭起来，围墙外最好用鱼塘、水沟或果林绿化带隔离。为了防止来往人员、车辆、物料等未经消

毒、净化就进入生产区，应注意以下3点。

（1）生产区最好只设一个大门，并设车辆消毒室、人员清洗消毒室和值班室等。

（2）出猪台和集粪池应设置在围墙边，外来运猪车、运粪车等外来车辆不必进入生产区即可操作。

（3）若饲料车间不在生产区，可在生产区围墙边设饲料间，外来饲料车在生产区外将饲料卸到饲料间，再由生产区自用饲料车将饲料从饲料间送至各栋猪舍。如想将饲料车间与生产区相连，则只允许饲料车间的成品仓库一端与生产区相通，以便于生产区内自用饲料车运料。

4. 隔离区

隔离区包括兽医室、隔离猪舍、尸体剖检和处理设施、粪污处理及储藏设施等。该区是卫生防疫和环境保护的重点，应尽量远离生产猪舍，设在整个猪场的下风向或偏风向、地势较低处，以避免疫病传播和环境污染。

5. 场内道路和排水

场内道路应分设净道与污道，互不交叉。净道专用于运送饲料、猪及饲养员行走等，污道则专用于运送粪污、病猪、死猪等。生产区不宜设直通场外的道路，以利于卫生防疫，而生产管理区和隔离区应分别设置通向场外的道路。

猪场内排水应设置明道与暗道，注意把雨水和污水严格分开，尽量减少污水处理量，保持污水处理工程正常运转。如果有足够面积，应充分考虑高效利用雨水和污水的远期发展规划。

6. 场区绿化

绿化可以美化环境、吸尘灭菌、降低噪声、净化空气、防疫隔离、防暑防寒，但种植树木会把鸟吸引过来，不利于疾病的防疫。

(三）场区布局

猪场建筑物布局时需考虑各建筑物间的功能关系、卫生防疫、通风、采光、防火、节约占地等。

生活区和生产管理区与场外联系密切，为保障猪群防疫，宜设在猪场大门附近，门口分别设置行人、车辆消毒池，两侧设值班室和更衣室。生产区各猪舍的位置需考虑配种、转群等联系方便，并注意卫生防疫，例如，种猪舍、仔猪舍应置于上风向和地势较高处；繁殖猪舍、分娩舍应设置在位置较好的地方，分娩舍要靠近繁殖猪舍，还要接近仔猪培育舍；育成猪舍要靠近育肥猪舍，育肥猪舍应设在下风向。商品猪置于离场门或围墙靠近处，围墙内侧设装猪台，运输车辆停在墙外装车。

病猪隔离舍和粪污处理区应置于全场最下风向和地势最低处，与生产区保持至少50米的距离。

炎热地区，应根据当地夏季主导风向安排猪舍朝向，以加强通风效果，避免太阳辐射。寒冷地区，应根据当地冬季主导风向确定朝向，减少冷风渗透量，增加热辐射，一般以冬季或夏季主导风与猪舍长轴有30°~60°夹角为宜，应避免主导风方向与猪舍长轴垂直或平行。

第二节 猪舍建筑设计

一、猪舍的主要类型

我国养猪历史悠久，在长期的生产实践中，根据不同的自然环境条件和社会经济条件，形成了多种多样的猪舍种类和建筑形式。不同猪场应综合考虑各自的具体条件，选择适用的猪舍类型和建筑形式。

根据不同的分类方法，猪舍有很多种类型。习惯上可根据猪舍屋顶结构形式、墙壁结构和窗户有无、猪栏排列方式等进行选择。

（一）根据猪舍屋顶结构形式进行选择

按猪舍屋顶结构形式可分为单坡式、双坡式、联合式、平顶式、拱顶式、钟楼式、半钟楼式等猪舍类型（图1-1）。

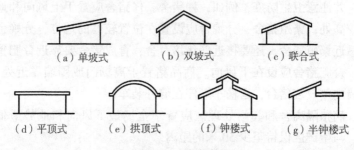

（a）单坡式　　　（b）双坡式　　　（c）联合式

（d）平顶式　　（e）拱顶式　　（f）钟楼式　　（g）半钟楼式

图1-1　猪舍类型

1. 单坡式

单坡式猪舍的屋顶只有一个坡向，跨度较小，结构简单，用材较少，可就地取材，施工简单，造价低廉，采光充分，干燥，通风良好；缺点是保温隔热性能差，土地及建筑面积利用率低，舍内净高较低，不便于舍内操作。这种结构适用于跨度较小的单列式猪舍和小规模养猪场。

2. 双坡式

双坡式猪舍的屋顶有前后两个近乎等长的坡，是最常见的猪舍屋顶形式，目前在我国使用最为广泛，可用于各种跨度的猪舍。易于修建，造价较低，舍内通风、保温良好，若设天棚则保温隔热性能更好，可节约土地和建筑面积；缺点是对建筑材料的要求较高，投资也略大。这种结构适用于跨度较大的双列或多列式猪舍和规模较大的养猪。

3. 联合式

联合式猪舍的屋顶有前后两个不等长的坡，一般前坡短、后坡长，因此又称不对称坡式。与单坡式猪舍相比，采光略差，但前坡可遮风挡雨雪，保温性能大大提高，特点介于单坡式和双坡式猪舍之间，这种结构适用于跨度较小的猪舍和较小规模的养猪场。

4. 平顶式

平顶式猪舍的屋顶近乎水平，多为预制板或现浇钢筋混凝土楼板，随着建材工业的发展，平顶式的使用逐渐增多。优点是可充分利用屋顶平台，节省木材，不需重设天棚，只需要做好屋顶的保温和防水，保温隔热性能良好，使用年限长，使用效果好；缺点是造价较高、屋面防水问题较难解决。

5. 拱顶式

拱顶式猪舍的屋顶呈圆拱形，因此又称圆顶坡式。优点是节省木料，造价较低，坚固耐用，吊设天棚后保温隔热性能较好；缺点是屋顶本身的保温隔热性能较差，不便于安装天窗，对施工技术要求较高等。

6. 钟楼式和半钟楼式

钟楼式和半钟楼式猪舍的屋顶是在双坡式猪舍屋顶上安装天窗，如只在阳面安装天窗即为半钟楼式，在两面或多面安装天窗称为钟楼式。优点是天窗通风、换气好，有利于采光，夏季凉爽，防暑效果好；缺点是不利于保温和防寒，屋架结构复杂，用木料较多，投资较大。此种屋顶适用于炎热地区和跨度较大的猪舍，一般猪舍建筑中较少采用。

（二）根据墙壁结构和窗户有无进行选择

按猪舍墙壁的结构即密封程度可分为开放式、半开放式和密闭式猪舍。其中密闭式猪舍按窗户有无又可分为有窗密闭式猪舍和无窗密闭式猪舍。

1. 开放式猪舍

开放式猪舍三面设墙,一面无墙,通常是在南面不设墙。优点是结构简单,造价低廉,通风采光较好;缺点是受外界环境影响大,尤其是冬季的防寒难以解决。开放式猪舍适用于农村小型养猪场和专业户,如在冬季加设塑料薄膜可改善保温效果。

2. 半开放式猪舍

半开放式猪舍三面设墙,一面设半截墙。其优缺点及使用效果与开放式猪舍接近,只是保温性能略好,冬季在开放部分加设草帘或塑料薄膜等遮挡物形成密封状态,能明显提高保温性能。

3. 有窗密闭式猪舍

猪舍四面设墙,多在纵墙上设窗,窗的大小、数量和结构可依当地气候条件来定。寒冷地区可适当少设窗户,而且南窗宜大,北窗宜小,以利保温。夏季炎热地区可在两纵墙上设地窗,屋顶设通风管或天窗。这种猪舍的优点是猪舍与外界环境隔绝程度较高,保温隔热性能较好,不同季节可根据环境温度启闭窗户以调节通风量和温度;缺点是造价较高。这种结构适用于我国大部分地区,特别是北方地区以及分娩舍、保育舍和幼猪舍。

4. 无窗密闭式猪舍

猪舍四面设墙,与有窗猪舍不同的是墙上只设应急窗,仅供停电时急用,不作采光和通风之用。该种猪舍与外界自然环境隔绝程度较高,舍内的通风、光照、采暖等全靠人工设备调控,能给猪提供适宜的环境条件,有利于猪的生长发育,能够充分发挥猪的生长潜力,提高猪的生产性能和劳动生产率。缺点是猪舍建筑、设备等投资大,能耗和设备维修费用高。因而这种结构在我国还不十分适用,主要应用于对环境条件要求较高的猪舍,如分娩舍、仔猪培育舍等。

（三）根据猪栏排列方式进行选择

按猪栏的排列方式又可分为单列式猪舍、双列式猪舍和多列式猪舍。

1. 单列式猪舍

单列式猪舍的跨度较小，猪栏排成一列，一般靠北墙设饲喂走道，舍外可设或不设运动场。优点是结构简单，对建筑材料要求较低，通风采光良好，空气清新；缺点是土地及建筑面积利用率低，冬季保温能力差。这种猪舍适用于专业户养猪和饲养种猪。

2. 双列式猪舍

双列式猪舍（图1-2）的猪栏排成两列，中间设一走道，有的还在两边再各设一条清粪通道，优点是保温性能好，土地及建筑面积利用率较高，管理方便，便于机械化作业；缺点是北侧猪栏自然采光差，圈舍易潮湿，建造比较复杂，投资较大。这种猪舍适用于规模化养猪场和饲养育肥猪。

图1-2 双列式猪舍

3. 多列式猪舍

多列式猪舍的跨度较大，一般在 10 米以上，猪栏排列成三列、四列或更多列。优点是猪栏集中，管理方便，土地及建筑面积利用率高，保温性能好；缺点是构造复杂，采光通风差，圈舍阴暗潮湿，空气差，容易传染疾病，一般应辅以机械强制通风，投资和运行费用较高。这种猪舍主要适用于大群饲养育肥猪，但一般情况下不宜采用。

二、猪舍的基本结构

一个猪舍的基本结构包括地基与基础、地面、墙壁、屋顶与天棚、门窗等，其中地面、墙壁、屋顶与天棚、门窗等又统称为猪舍的外围护结构。猪舍的小气候状况在很大程度上取决于猪舍的基本结构尤其是外围护结构的性能。

（一）地基与基础

猪舍的坚固性、耐久性和安全性与地基和基础有很大的关系，因此要求地基与基础必须具备足够大的强度和稳定性，以防止猪舍因沉降过大或不均匀沉降而引起裂缝和倾斜，导致猪舍的整体结构受到影响。

1. 地基

支撑整个建筑物的土层叫地基，可分为天然地基和人工地基。一般猪舍多直接建于天然地基上。天然地基的土层要求结实、土质一致、有足够的厚度、压缩性小、地下水位在 2 米以下，通常以一定厚度的砂壤土层或碎石土层较好。黏土、黄土、砂土，富含有机质和水分、膨胀性大的土层不宜用作地基。

2. 基础

基础是指猪舍墙壁埋入地下的部分。它直接承受猪舍的各种荷载并将荷载传给地基。墙壁和整个猪舍的坚固与稳定状况都取决于基础，因此基础应具备坚固、耐久、适当抗机械作用能力及防潮、抗震和抗冻能力。基础一般比墙宽10~20厘米，并呈梯形或阶梯形，以减少建筑物对地基的压力。基础埋深一般为50~70厘米，要求埋置在土层最大冻结深度之下，同时还要加强基础的防潮和防水能力。实践证明，加强基础的防潮和保温能力，对改善猪舍内小气候状况具有重要意义。

（二）地面

地面是猪活动、采食、休息和排粪尿的主要场所，对猪舍内小气候和卫生状况有影响。因此，要求地面坚实、致密、平整、不滑、不硬、有弹性、不透水、便于清扫消毒、导热性弱、保温性能好，同时地面坡度一般应保持3°~4°，以利于保持地面干燥。土质地面、三合土地面和砖地面保温性能好，但不坚固、易渗水，不便于清洗和消毒。水泥地面坚固耐用、平整，易于清洗消毒，但保温性能差。目前大多数猪舍地面为水泥地面，为增加保温，可在地面下层铺设孔隙较大的材料，如炉灰渣、空心砖等；如经济条件允许，可以铺地暖设施（水暖或电暖）。为防止雨水倒灌入舍内，一般舍内地面高出舍外30厘米左右。

（三）墙壁

墙壁是基础以上露出地面的、将猪舍与外界隔开的外围护结构，是猪舍的主要结构，可分为内墙与外墙、承重墙与隔断墙、纵墙与山墙等。猪舍墙壁要求坚固、耐久、抗震、耐水、防火、抗冻、结构简单、便于清扫消毒、保温隔热性能良好。墙壁的保温隔热能力取决于建材的特性、墙体厚度以及墙壁的防潮防水措施。

（四）屋顶与天棚

1. 屋顶

屋顶是猪舍顶部的承重构件和外围护结构，主要作用是承重、保温隔热、遮风挡雨和防太阳辐射。屋顶是猪舍冬季散热最多的部位，也是夏季吸收太阳能最多的部位，要求坚固、耐久、结构简单、承重能力良好、保温隔热性能良好、光滑、有一定的坡度、不漏水、不透风，并能满足消防安全要求。

2. 天棚

天棚又称顶棚或天花板，是将猪舍与屋顶下空间隔开的结构，主要作用是使天棚与屋顶下的空间形成一个不流动的空气缓冲层，对猪舍的保温隔热具有重要作用，同时也有利于猪舍的通风换气。天棚必须具备保温、隔热、不透水、不透风、坚固、耐久、防潮、防火、光滑、结构简单轻便等特点。生产中关于天棚的保温隔热性能常有两个问题被忽视，一是天棚本身的导热性，二是天棚的严密性，前者是天棚能否起到保温隔热作用的关键，后者是天棚保温隔热的重要保证。

(五) 门窗

1. 门

门是非承重的建筑配件，主要作用是分割房间，有时兼具通风和采光的作用。猪舍的门可分为内门和外门，舍内房间的门和附属建筑通向舍内的门称为内门，猪舍通向舍外的门称为外门。内门可根据需要设置，但外门一般在每栋猪舍山墙或纵墙两端各设一洞，若在纵墙上设外门，应设在向阳背风的一侧。门必须坚固、结实、易于出入、向外开。门的宽度一般为 1.0~1.5 米，高度为 2.0~2.4 米。在寒冷地区，为加强门的保温能力，防止冷空气直接侵袭猪舍，通常增设门斗，其深度不应小于 2.0 米，宽度比门应大 1.0~1.2 米。

2. 窗

窗户的主要作用是保证猪舍的自然采光和通风，同时还具有围护作用，一般开在封闭式猪舍的纵墙上，有的在屋顶上开天窗。窗户与猪舍的保温隔热、采光通风有着密切的关系。因此，窗户的面积、数量、形状、位置等应根据当地气候条件和不同生理阶段猪的需求进行合理设计，尤其是寒冷地区，必须兼顾采光、通风和保温。一般原则是在满足采光和夏季通风的基础上，尽量少设窗户。窗户的面积以有效采光面积与舍内地面面积之比即采光系数来计算，一般种猪舍为 1∶（10~12），肥猪舍为 1∶（12~15）。窗底距地面 1.1~1.3 米，窗顶距屋檐 0.2~0.5 米为宜。炎热地区南、北窗的面积之比应保持在 （1~2）∶1，寒冷地区则保持在 （2~4）∶1。

第三节 猪场设备

猪场设备主要包括各种猪栏、漏缝地板、饲喂设备、饮水设备、清粪设备、环境调制设备、采精设备、运输设备、粪便分离机和其他设备等。随着现代化养猪业的迅速发展，我国已初步形成了多个系列的现代化养猪配套设备。在选择设备时，应遵循经济实用、坚固耐用、方便管理、设计合理、符合卫生防疫要求等原则。

一、猪栏

猪栏（图 1-3）是现代化猪场的基本生产单位，根据饲养猪的类群，猪栏可分为公猪栏、配种栏、母猪栏、分娩栏、仔猪保育栏、育成育肥猪栏等。

（一）公猪栏和配种栏

公猪栏主要用于饲养公猪，一般为单栏饲养，单列式或双列式布置。过去一般将公猪栏和配种栏合二为一，即用公猪栏代替配种栏。但由于配种时母猪不定位，操作不方便，而且配种时对

图1-3　猪栏

其他公猪干扰大，现在通常单独设计配种栏。

（二）母猪栏

常用的母猪栏有3种形式。

（1）母猪的整个空怀期、妊娠期采用单栏限位饲养。其特点是每头猪的占地面积小，喂料、观察、管理都较方便，母猪不会因碰撞而导致流产。但母猪活动受限制，运动量较少，对母猪分娩有一定影响。

（2）母猪的整个空怀期、妊娠期采用群栏饲养，一般每栏3~5头。它克服了单栏限位饲养母猪活动量不足的缺点，但母猪容易发生争斗或碰撞而引起流产。

（3）母猪在空怀期和妊娠前期采用群栏饲养，在妊娠后期采用单栏限位饲养。

（三）分娩栏

分娩栏又称产仔栏，是猪场中要求最高的猪栏。

（四）仔猪保育栏

仔猪保育栏也是猪栏中要求较高的一种，多为高床全漏缝地板饲养。猪栏采用全金属栏架，配塑料或铸铁漏缝地板、自动饲槽和自动饮水器。

（五）育成育肥猪栏

实际生产中，为了节约投资，所用的育成育肥猪栏相对比较简易，常采用全金属圈栏、砖墙间隔和金属栏门。

二、漏缝地板

现代化养猪，从妊娠母猪、产仔母猪、断奶仔猪到育肥猪都采用全漏缝地板或半漏缝地板的铺置。漏缝地板具有便于干湿分离、节省劳力、提高清洁速度、节约用水、因减少粪便在地板上的停留时间而增强防疫等优点，也存在一些缺点，如增加了饲料浪费，提高了猪只肢蹄病和带仔母猪乳头病变等的发生率。漏缝地板材质有水泥混凝土地板，钢筋编织网、焊接网等金属编织网地板，工程塑料地板以及铸铁、陶瓷地板等。

（一）水泥混凝土漏缝地板

水泥混凝土漏缝地板（图1-4）在配种妊娠舍和育成育肥舍最为常见，可做成板状或条状。这种地板成本低、牢固耐用，但对制造工艺要求严格，水泥标号必须符合设计图纸要求。

（二）金属漏缝地板

金属漏缝地板可以用金属条排列焊接而成，也可用金属条编织成网状。由于缝隙占的比例较大，粪尿下落顺畅，缝隙不易堵塞，不会打滑，栏内清洁、干燥，在现代化养猪生产中普遍采用。

（三）塑料漏缝地板

塑料漏缝地板采用工程塑料模压而成，拆装方便，质量轻，耐腐蚀，牢固耐用，较水泥混凝土、金属和石板地面暖和，但容易打滑，体重大的猪行动不稳，适用于仔猪保育栏地面或分娩栏仔猪活动区地面。

图1-4　水泥混凝土漏缝地板

（四）调温地板

调温地板是以换热器为骨架、用水泥基材料浇筑而成的便于移动和运输的平板，设有进水口和出水口，与供水管道连接。

三、饲喂设备

养猪生产中，饲料成本占50%～70%，喂料工作量占30%～50%，因此，饲喂设备对提高饲料利用率、减轻劳动强度、提高猪场经济效益有很大影响。在猪场生产管理中，多采用限量饲槽和自动饲槽。

（一）限量饲槽

人工喂料设备比较简单，主要包括加料车、饲槽。对于限量饲喂的公猪、母猪、分娩母猪一般都采用限量饲槽。目前猪场的限量饲槽一般都是采用金属或者水泥制作而成，每头猪饲喂时所需饲槽的长度大约等于猪肩宽。

（二）自动饲槽

自动饲槽（图1-5）不仅能保证饲料的清洁卫生，而且还可以减少饲料浪费，满足猪的自由采食。自动饲槽可以隔较长时间加一次料，大大减少了饲喂工作量，提高劳动生产率，同时也便于实现机械化、自动化饲喂。

图1-5　自动饲槽

自动饲槽可以用钢板制作，也可以用水泥预制板拼装。国外还有使用聚乙烯塑料制作的自动料槽。自动料槽有圆形、长方形等多种形状。长方形自动饲槽分双面和单面两种形式。双面自动饲槽供两个猪栏共用，单面自动饲槽供一个猪栏用，每面可同时供4头猪吃料。

四、饮水设备

现代化猪场不仅需要大量饮用水，而且各生产环节还需要大量的清洁用水，供水可分为自流式供水和压力供水。现代化猪场的供水一般都是压力供水，其供水系统主要包括供水管路、过滤器、减压阀、自动饮水器等。

猪用自动饮水器的种类很多，有鸭嘴式、乳头式、杯式等，

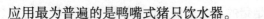

应用最为普遍的是鸭嘴式猪只饮水器。

（一）鸭嘴式猪只饮水器

鸭嘴式猪只饮水器整体结构简单，耐腐蚀，工作可靠，不漏水，寿命长。猪饮水时，嘴含饮水器，咬住并压下阀杆，水从阀芯和密封圈的间隙流出至猪的口腔，当猪嘴松开后，靠回位弹簧张力，阀杆复位，出水间隙被封闭，水停止流出。鸭嘴式猪只饮水器密封性能好，水流出时压力降低，流速较低，符合猪只饮水要求。

（二）乳头式猪只饮水器

乳头式猪只饮水器的最大特点是结构简单。猪饮水时，顶起顶杆，水从钢球、顶杆与壳体间隙流出至猪的口腔；猪松嘴后，靠水压及钢球、顶杆的重力，钢球、顶杆落下与壳体密接，水停止流出。这种饮水器对泥沙等杂质有较强的通过能力，但密封性差，并要减压使用，否则流水过急，不仅猪喝水困难，而且流水飞溅、浪费用水、弄湿猪栏。安装乳头式猪只饮水器时，一般应使其与地面成 45°~75° 倾角；仔猪使用时离地高度为 25~30 厘米，生长猪（3~6 月龄）为 50~60 厘米，成年猪为 75~85 厘米。

（三）杯式猪只饮水器

杯式猪只饮水器是一种以盛水容器（水杯）为主体的单体式自动饮水器，常见的有浮子式、弹簧阀门式和水压阀杆式等类型。杯体常用铸铁制造，也可以用工程塑料或钢板冲压成形（表面喷塑）。杯式猪只饮水器供水部分的结构与鸭嘴式大致相同。

浮子式饮水器多为双杯式，浮子室和控制机构放在两水杯之间。当猪饮水时，推动浮子使阀芯偏斜，水即流入杯中供猪饮用；当猪嘴离开时，阀杆靠回位弹簧弹力复位，停止供水。

五、清粪设备

常用的清粪设备有链式刮板清粪机、往复式刮板清粪机等。

（一）链式刮板清粪机

链式刮板清粪机由刮板、驱动装置、导向轮和张紧装置等部分组成。此设备不适用于高床饲养的分娩舍和仔猪培育舍。

链式刮板清粪机的主要缺陷是由于倾斜升运器通常在舍外，在北方冬天易冻结。因此在北方地区冬天不可使用倾斜升运器，而应由人工将粪便装车运至集粪场。

（二）往复式刮板清粪机

往复式刮板清粪机由带刮粪板的滑架（两侧面和底面都装有滚轮的小滑车）、传动装置、张紧装置和钢丝绳等构成。

六、环境调控设备

猪舍环境控制主要是指猪舍采暖、降温、通风及空气质量的控制，需要通过配置相应的环境调控设备来满足各种环境要求。

（一）降温设备

除通过合理的猪舍设计，利用遮阳、绿化等削弱太阳辐射，在一定程度上可减轻高温的危害外，还可采用自动化降温风机（图1-6）获得理想的降温效果。

图1-6　自动化降温风机

（1）夏季采用机械通风在一定程度上能够起到降温的作用，但过高的气流速度，会因气流与猪体表面的摩擦而使猪感到不舒服。因此，猪舍夏季机械通风的风速不应超过 2 米/秒。

（2）猪舍通风一般要求风机有较大的通风量和较小的压力，宜采用轴流风机；冬季通风需在维持适中的舍内温度下进行，且要求气流稳定、均匀，不形成贼风，无死角。

（二）采暖设备

冬季南北气温不同，各地猪场规模大小不同，因此猪舍保暖增温的措施也不一样。猪场常用的采暖方式主要有热水采暖系统、热风采暖系统及局部采暖系统，主要采暖设备有以下几种。

（1）煤炉。普通燃煤取暖设施，使用的燃料是块煤，常用于天气寒冷而且块煤供应充足的地区；优点是加热速度快，移动方便，可随时安装使用，应急性较好。

（2）蜂窝煤炉。使用燃料为蜂窝煤，供热速度和效果较煤炉慢而差，但因无烟使用方便，在全国许多地区使用；优点是移动方便，可随时安装使用，应急时有时不必安装烟囱，比煤炉更方便。

（3）火墙。在猪舍靠墙处用砖等材料砌成的墙，因墙较厚，保温性能更好些，在较寒冷地区多用。如果将添火口设在猪舍外，还可以防止煤烟或灰尘等的不利影响。

（4）地炕。将猪舍下方设计成火道，火在下方燃烧时，地面保持一定的温度。

（5）地暖。类似地炕，但不同之处是在水泥地面中埋设循环水管，需要供暖时，将锅炉水加热，通过循环泵将热水打进水泥地面中的循环水管，使地面温度升高。

（6）水暖。同居民使用的水暖，但因猪一般都处于低位，水暖气片的热量是向上升的，取暖效果一般，而且投资大，占地面积也大，使用量正在减少。

（7）气暖。同水暖，供热速度更快，容易达到各种猪舍对温度的要求；不足之处是对锅炉工要求较高，不适用于小型猪场。

（8）塑料大棚。这是农户养猪使用最普遍的设施，投资少，使用方便。

（9）电空调。投资大，费用高，只能应急使用。

（10）热风机。又称畜禽空调，是将锅炉的热量通过风机吹到猪舍，舍内温度均匀，而且干净卫生，价格也较电空调便宜得多，在许多大型猪场使用。

（11）红外线灯。是局部供暖的不错选择，多用于应急，特别是在新转入猪群中使用，容易操作，很受饲养者欢迎。

（12）仔猪电热板。电热板可以根据需要定制。

（13）调温地板。调温地板是以换热器为骨架、用水泥基材料浇筑而成的便于移动和运输的平板，设有进水口和出水口与供水管道连接。

（三）清洁消毒设备

清洁消毒设备主要有水洗清洁、喷雾消毒和火焰消毒。当在疫情严重的情况下，可采用火焰消毒器。规模化猪场必备高压清洗机和喷雾器消毒设备。

七、采精设备

采精设备一般包括假母猪台、采精套、防滑垫、润滑液等。精液应该保存在恒温状态，须有恒温设备。授精设备主要有一次性输精管、多次性输精管、滤纸、消毒桶。

八、运输设备

(一) 饲料手推车

饲料手推车专用于饲料运送，使用轻便，转弯灵活，表面经喷涂处理，美观耐用。

(二) 仔猪运输车

仔猪运输车主要供断奶仔猪转移用，可减少仔猪应激，对仔猪转栏后的生长十分有利。

(三) 场内运猪车

场内运猪车带液压升降，对猪只的转移十分方便。

(四) 集粪车

集粪车装卸方便，使用灵活，可以减轻劳动强度。

九、粪便分离机

使用粪便分离机可将粪便中未消化的饲料或粗纤维分离出来，可当肥料或饲料用，既增加收入，又减少集粪池的污染。

十、其他设备

猪场还有一些配套设备，如背膘测定仪、怀孕探测仪、活动电子秤、模型猪、耳号钳、电子识别耳牌、断尾钳以及用于猪舍消毒的火焰消毒器、兽医工具等。

第二章　猪的品种

第一节　地方猪种

地方猪种是在我国复杂的生态环境条件下，由人工长期精心培育形成的猪种类型。我国地方猪种数量较多，其中分布较广或影响较大的猪种有民猪、金华猪、太湖猪、荣昌猪、香猪、两广小花猪、宁乡猪等。

一、民猪

民猪（图 2-1）产于东北和华北的部分地区。吉林省、黑龙江省以及内蒙古自治区的部分地区饲养量较大。

图 2-1　民猪

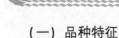

（一）品种特征

民猪颜面直长，头中等大小，耳大下垂。额部窄，有纵向的皱褶。体躯扁平，背腰狭窄，腿臀部位欠丰满。四肢粗壮，全身黑色被毛，毛密而长，鬃毛较多，冬季有绒毛丛生。乳头7~8对。

（二）生产性能

每胎平均产仔数为13.5头，10月龄体重约为136千克，屠宰率为72%，体重90千克屠宰时瘦肉率为46%，成年公猪平均体重为200千克，成年母猪平均体重为148千克。

（三）利用情况

民猪具有抗寒力强、体质强健、产仔数多、脂肪沉积能力强和肉质好的特点，适于放牧和较粗放的饲养管理，与其他品种猪进行二元和三元杂交，其杂种后代在繁殖和育肥等性能上均表现出显著的杂种优势。以民猪为基础培育成的哈尔滨白猪、新金猪、三江白猪和天津白猪均能保留民猪的优点。

二、金华猪

金华猪主要分布于浙江省东阳市、浦江县、义乌市、金华市、永康市及武义县等地。

（一）品种特征

金华猪的体形中等偏小。耳中等大小，下垂。额部有皱褶，颈短粗，背腰微凹，腹大微下垂。四肢细短，蹄呈玉色，蹄质结实。毛色为两端黑、体躯白的"两头乌"特征。乳头8对以上。

（二）生产性能

公、母猪一般5月龄左右配种，每胎平均产仔数为13~14头，8~9月龄肉猪体重为65~75千克，屠宰率为72%，10月龄瘦肉率为43.46%。

（三）利用情况

金华猪是一个优良的地方品种，其优点是性成熟早，繁殖率高，皮薄骨细，肉质优良，适宜腌制火腿；缺点是肉猪后期生长慢，饲料转化率较低。金华猪可作为杂交亲本，常见的组合有长金组合、苏金组合、大金组合、长大金组合、长苏金组合、苏大金组合及大长金组合等。

三、太湖猪

太湖猪主要分布于长江下游，江苏省、浙江省和上海市交界的太湖流域。按照体形外貌和性能上的差异，太湖猪可以划分成几个地方类群：二花脸猪、梅山猪、枫泾猪、嘉兴黑猪、横泾猪、米猪和沙乌头猪等。

（一）品种特征

太湖猪的头大，额宽，额部皱褶多、深。耳大，扇形，软而下垂，耳尖和口裂齐甚至超过口裂。全身被毛为黑色或青灰色，毛稀疏，毛丛密但间距大。腹部的皮肤多为紫红色，也有鼻端白色或尾尖白色的，梅山猪的四肢末端为白色。乳头8~9对。

（二）生产性能

繁殖率高，3月龄即可达性成熟，每胎平均产仔数为16头，泌乳力强，哺育率高。生长速度较慢，6~9月龄体重为65~90千克，屠宰率为65%~70%，瘦肉率为40%~45%。

（三）利用情况

太湖猪繁殖力强、产仔数多，其分布广泛，品种内结构丰富，遗传基础多，肉质好，是一个不可多得的品种。太湖猪和长白猪、大白猪、苏白猪进行杂交，其杂种一代的日增重、胴体瘦肉率、饲料转化率、仔猪初生重均有较大的提高，在产仔数上略有下降。太湖猪内部各个种群之间进行交配也可以产生一定的杂种优势。

四、荣昌猪

荣昌猪（图 2-2）产于重庆市荣昌区和四川省隆昌市等地区。

图 2-2 荣昌猪

（一）品种特征

荣昌猪是我国少有的全白地方猪种（除眼圈为黑色或头部有大小不等的黑斑外）。面部微凹，耳中等稍下垂。体形较大，体躯较长，背较平，腹大而深。鬃毛洁白刚韧。乳头 6~7 对。

（二）生产性能

每胎平均产仔数为 11.7 头，成年公猪平均体重为 158 千克，成年母猪平均体重为 144.2 千克。在较好的饲养条件下，不限量饲养育肥期日增重平均为 623 克；中等饲养条件下，育肥期日增重平均为 488 克。87 千克体重屠宰时屠宰率为 69%，胴体瘦肉率为 42%~46%。

（三）利用情况

荣昌猪具有适应性强、瘦肉率较高、杂交配合力好和鬃质优良等特点。用国外瘦肉型猪作父本与荣昌猪母猪杂交，杂种猪有一定的杂种优势，尤其是与长白猪的配合力较好。另外，以荣昌猪作父本，其杂交效果也比较明显。

五、香猪

香猪主要产于贵州省从江县的宰便、加鸠两镇，三都水族自治县都江镇的巫不乡，广西壮族自治区环江毛南族自治县的东兴镇等，主要分布于黔、桂交界的榕江、荔波及融水等县。根据产地不同又分藏香猪、环江香猪、丛江香猪、五指山猪、巴马香猪、剑白香猪、久仰香猪等。

（一）品种特征

香猪体躯矮小。头较直，耳小而薄，略向两侧平伸或稍向下垂。背腰宽而微凹，腹大丰圆而触地，后躯较丰满，四肢细短，后肢多为卧系。皮薄肉细。全身被毛多为黑色，头、尾和四肢末端有白色而称"六白"，或两端黑、体躯白而称"两头乌"。乳头5~6对。

（二）生产性能

性成熟早，一般3~4月龄性成熟。产仔数少，每胎平均产仔数为5~6头。成年母猪一般体重为40千克。香猪早熟易肥，宜于早期屠宰，屠宰率为65%，瘦肉率为47%。

（三）利用情况

香猪的体形小，经济早熟，胴体瘦肉率较高，肉嫩味鲜，可以早期宰食，也可加工利用，尤其适宜被烹饪成烤乳猪。香猪还适宜于用作实验动物。

六、两广小花猪

两广小花猪原产于广西壮族自治区玉林市、合浦县、高州市、化州市、郁南县等地,是由陆川猪、福建猪、公馆猪和两广小耳花猪归并的,1982年起统称两广小花猪。

(一) 品种特征

两广小花猪体形较小,具有头短、颈短、耳短、身短、脚短、尾短的特点,故有"六短猪"之称。毛色为黑白花,除头、耳、背腰、臀为黑色外,其余均为白色。耳小向外平伸。背腰凹,腹大下垂。

(二) 生产性能

性成熟早,每胎平均产仔数为12.48头。成年公猪平均体重为130.96千克,成年母猪平均体重为112.12千克。75千克体重屠宰时屠宰率为67.59%~70.14%,胴体瘦肉率为37.2%。育肥期平均日增重328克。

(三) 利用情况

两广小花猪具有皮薄、肉质嫩美的优点。用国外瘦肉型猪作父本与两广小花母猪杂交,杂种猪在日增重和饲料转化率等方面有一定的杂种优势,尤其是与长白猪、大白猪的配合力较好。两广小花猪的缺点是生长速度较慢、饲料转化率较低、体形较小。

七、宁乡猪

宁乡猪(图2-3)主要分布于与湖南省宁乡市毗邻的益阳市、安化县、涟源市、湘乡市、怀化市、邵阳市等地。

(一) 品种特征

宁乡猪体形中等。黑白花毛色,分为"乌云盖雪""大黑花""小散花"。头中等大,耳较小、下垂,背凹腰宽,腹大下垂,臀较斜,四肢较短、多卧系。皮薄毛稀,乳头7~8对。

(二) 生产性能

经产母猪每胎平均产仔数为10.12头。22~96千克体重育

图2-3 宁乡猪

肥期平均日增重587克，每千克增重需消化能51.46兆焦耳。90千克体重育肥猪，屠宰率为74%，胴体瘦肉率为34.72%。

（三）利用情况

宁乡猪具有早熟易肥、生长较快、肉味鲜美、性情温顺及耐粗饲等特点。与北方猪种、国外瘦肉型猪种杂交，杂种猪有一定的杂种优势。

第二节 培育猪种

我国新培育的猪品种有几十个，按这些猪的外形和毛色可以划分为大白型、中黑型和花型猪3大类型。其中具有代表性的猪种有哈尔滨白猪、三江白猪、北京黑猪等。

一、哈尔滨白猪

哈尔滨白猪产于黑龙江省南部和中部地区，以哈尔滨市及其周围各县饲养最多，并广泛分布于滨州、滨绥、滨北及牡佳等铁路沿线。

（一）品种特征

哈尔滨白猪体形较大，被毛全白，头中等大小，两耳直立，面部微凹，背腰平直，腹稍大、不下垂，腿臀丰满，四肢粗壮，体质坚实，乳头 7 对以上。

（二）生产性能

一般生产条件下，成年公猪平均体重为 222 千克，成年母猪平均体重为 172 千克。每胎平均产仔数为 11~12 头。育肥猪 15~120 千克阶段，平均日增重为 587 克，屠宰率为 74%，瘦肉率为 45.05%。

（三）利用情况

哈尔滨白猪与民猪、三江白猪和东北花猪进行正反交，所得一代杂种猪在日增重和饲料转化率上均有较强的杂种优势。以一代杂种猪作为母本，与外来品种进行二、三元杂交也可取得很好的效果。

二、三江白猪

三江白猪（图 2-4）主要产于黑龙江省东部合江地区的国营农牧场及其附近的市、县养猪场，是我国在特定条件下培育而成的国内第一个肉用型猪新品种。

图 2-4　三江白猪

（一）品种特征

三江白猪头轻嘴直，两耳下垂或稍前倾。背腰平直，腿臀丰满。四肢粗壮，蹄质坚实。被毛全白，毛丛稍密。乳头 7 对，排列整齐。

（二）生产性能

8 月龄公猪平均体重为 111.5 千克，8 月龄母猪平均体重为 107.5 千克。每胎平均产仔数为 12 头。育肥猪在 20～90 千克体重阶段，日增重 600 克；90 千克体重时，胴体瘦肉率为 59%。

（三）利用情况

三江白猪与外来品种、国内培育品种以及地方品种都有很高的杂交配合力，是肉猪生产中常用的亲本品种之一。在日增重方面，尤其以三江白猪为父本，以大白猪、苏白猪为母本杂交组合的杂种优势明显。在饲料转化率方面，尤其以三江白猪与大白猪杂交组合的杂种优势明显。在胴体瘦肉率方面，尤其以杜洛克猪与三江白猪杂交组合的杂种优势明显。

三、北京黑猪

北京黑猪属于肉用型的配套母系品种猪，中心产区是北京市国营北郊农场和双桥农场，分布于北京市昌平、顺义、通州等京郊各地，并向河北、山西、河南等 25 个省、市输出。现品种内有两个选择方向：为增加繁殖性能而设置的"多产系"和为提高瘦肉率而设置的"体长系"。

（一）品种特征

北京黑猪头清秀，两耳向前上方直立或平伸。面部微凹，额部较宽。嘴筒直，粗细适中，中等长。颈肩接合良好。背腰平直、宽，四肢强健，腿臀丰满，腹部平。被毛黑色。乳头 7 对以上。

（二）生产性能

成年公猪体重约 260 千克。每胎平均产仔数为 11~12 头。育肥猪 20~90 千克体重阶段，日增重 609 克，屠宰率为 72%，胴体瘦肉率为 51.5%。

（三）利用情况

北京黑猪作为北京地区的当家品种，在猪的杂交繁育体系中具有广泛的优势，是一个较好的配套母系品种。北京黑猪与大白猪、长白猪或苏白猪进行杂交，可获得较好的杂种优势。一代杂种猪的日增重在 650 克以上，饲料转化率为 3.0%~3.2%，胴体瘦肉率达到 56%~58%。三元杂交的商品后代，其胴体瘦肉率达到 58% 以上。

第三节　引入猪种

我国从国外引入了具有高生长速度、高瘦肉含量和高饲料利用效率的优良猪种，对加速我国猪种的改良和提高养猪生产效率起到了重要作用。与本地品种相比，外来品种不多，其中具有代表性的猪种有长白猪、约克夏猪、杜洛克猪和汉普夏猪等。

一、长白猪

长白猪原产于丹麦，是世界上分布最广的著名的瘦肉型品种，原名兰德瑞斯（Landrace）猪。

（一）品种特征

长白猪全身被毛白色。头狭长，颜面直，耳大向前倾。背腰长，腹线平直而不松弛。体躯长，前躯窄、后躯宽，呈流线型，肋骨 16~17 对，大腿丰满，蹄质坚实。

（二）生产性能

在良好饲养条件下，公、母猪 155 天左右体重可达 100 千克。育肥期生长速度快，屠宰率高，胴体瘦肉多。据浙江省杭州市种猪试验场在 2000 年测定，丹系长白猪在 25～90 千克体重阶段平均日增重为 920 克，料肉比为 2.51∶1。

（三）利用情况

我国于 1964 年首次引进长白猪，在引种初期，存在易发生皮肤病、四肢软弱、发情不明显、不易受胎等缺点，经多年驯化，这些缺点有所改善，适应性增强，性能接近国外测定水平。长白猪作为第一父本进行二元杂交或三元杂交，所得的杂种猪杂交效果显著。

二、约克夏猪

约克夏猪（图 2-5）原产于英国北部的约克夏郡及其邻近地区。有大、中、小 3 个类型：大型属瘦肉型，又称大白猪；中型为兼用型；小型为脂肪型。

图 2-5 约克夏猪

（一）品种特征

约克夏猪被毛白色（偶有黑斑），体格大，体形匀称，耳直立，背腰平直（有微弓），四肢较高，后躯丰满。

（二）生产性能

后备猪 6 月龄体重可达 100 千克。育肥猪屠宰率高、膘薄、胴体瘦肉率高。据测定，育肥期日增重为 682 克，屠宰率为 73%，三点平均膘厚为 2.45 厘米，眼肌面积为 34.29 厘米^2，胴体瘦肉率为 63.67%。

（三）利用情况

我国引入的为大白猪，经过多年培育驯化，已有了较好的适应性。在杂交配套生产体系中主要用作母本，也可作父本。大白猪通常利用的杂交方式是杜（杜洛克）×长（长白）×大（大白）或杜×大×长，即用长白猪公（母）猪与大白猪母（公）猪交配生产，杂交一代母猪再用杜洛克公猪（终端父本）杂交生产商品猪。这是目前世界上比较好的配合。我国用大白猪作父本与本地猪进行二元杂交或三元杂交，所得的杂种猪杂交效果好，在我国绝大部分地区都能适应。

三、杜洛克猪

杜洛克猪产于美国东北部的新泽西州等地。杜洛克猪体格健壮，抗逆性强，饲养要求比其他瘦肉型猪低，生长快，饲料利用率高，胴体瘦肉率高，肉质良好。

（一）品种特征

杜洛克猪全身被毛呈金黄色或棕红色，色泽深浅不一。头小清秀，嘴短直。耳中等大，略向前倾，耳尖稍下垂。背腰平直或稍弓。体躯宽厚，全身肌肉丰满，后躯肌肉发达。四肢粗壮、结实，蹄呈黑色多直立。

（二）生产性能

杜洛克猪前期生长慢，后期生长快。据报道，杜洛克猪180日龄体重即可达100千克，饲料转化率低于1：2.8；100千克体重时，活体背膘厚低于15毫米，眼肌面积大于30厘米^2，屠宰率高于70%，后腿比例32%，瘦肉率高于62%。

（三）利用情况

20世纪70年代后我国从英国引进瘦肉型杜洛克猪，以后又从加拿大、美国、匈牙利、丹麦等国家陆续引入该猪，现已遍及全国。引入的杜洛克猪能较好地适应本地的条件，且具有增重快、饲料报酬高、胴体品质好、眼肌面积大、瘦肉率高等优点，已成为中国商品猪的主要杂交亲本之一，尤其是作终端父本。但由于其繁殖能力不高、早期生产速度慢、母猪泌乳量不高等缺点，故有些地区在与其他猪种进行二元杂交时，作父本不是很受欢迎，而往往将其作为三元杂交中的终端父本。

四、汉普夏猪

汉普夏猪原产于美国肯塔基州，主要特点是胴体瘦肉率高、肉质好、生长发育快、繁殖性能良好、适应性较强。

（一）品种特征

汉普夏猪被毛黑色，在肩颈接合处有一条白带。头中等大，嘴较长而直，耳直立、中等大小。体躯较长，背宽略呈弓形，体格强健，肌肉发达。

（二）生产性能

汉普夏猪在良好饲养条件下，6月龄体重可达90千克。每千克增重耗料3千克左右。育肥猪90千克屠宰率为72%~75%，眼肌面积大于30厘米^2，胴体瘦肉率高于60%。

（三）利用情况

我国于20世纪70年代后开始成批引入，由于其具有背膘薄、胴体瘦肉率高的特点，以其为父本，地方猪或培育品种为母本，开展二元杂交或三元杂交，可获得较好的杂交效果。国外一般以汉普夏猪作为终端父本，以提高商品猪的胴体品质。

第三章　猪的选种与选配技术

第一节　猪的选种

一、猪的选种原则

种猪的选择首先是品种的选择，主要是经济性状的选择。在品种选择时，还必须考虑父本和母本品种对经济性状的不同要求。父本品种选择着重于生长育肥性状和胴体性状，重点要求日增重快、瘦肉率高；而母本品种则着重要求繁殖力强、哺育性能好。当然，无论父本品种或母本品种都要求适合市场的需要，具有适应性强和容易饲养等优点。

不同品种的生产性能差异很大，因此猪场有必要选择适合市场需要的品种。选种的原则有以下 5 点。

（一）结合当地的自然、经济条件

如在我国华南地区则要求猪种耐热、耐湿，而在东北地区则要求猪种耐寒。又如经济条件好的地区如珠江三角洲往往饲料条件较好，可以饲养生长快、瘦肉多、肉质好的猪种，而在饲料条件较差的地区，则要求猪种耐粗性能好。

（二）考虑猪场的饲料、猪舍、设备等具体条件

饲料的来源、种类和价格与选择品种有密切关系。现代化养猪是在先进设备条件下，采用全进全出的流水式的生产工艺流

程，要取得较高的经济效益，就要求猪种生长快、产仔多、肉质好。采用封闭式限位栏饲养的种猪，则对其四肢强健有更高的要求，而且要求体形大小一致。

（三）选择种猪时既要突出重点性状，又要兼顾全面

重点性状不能过多，一般为2~3项，以提高选择效果。如育肥性状重点选择日增重和膘厚，繁殖性状重点是活产仔数、断奶仔猪头数和断奶窝重，这些是既反映品种质量又容易测定的性状。

（四）种猪应健康无病

要特别注意种猪应健康无病、体质结实、符合品质要求；注意与生产性能有密切关系的特征和行为；适当注意毛色、头型等细节。

（五）根据市场的要求，出口与内销任务的不同

出口的猪要求瘦肉率高，瘦肉多的猪对饲料要求高。而内销的猪则要求肥瘦适中、容易饲养、生产成本低。在大城市，瘦肉率高的猪售价也越来越高。

二、猪的选种方法

猪的主要选种方法可分为个体选择、系谱选择、同胞测验、后裔测验和合并选择等方法。不管哪种方法所取得的遗传进展，都取决于选择强度的大小（即猪群某性状平均数与该猪群内为育种目的而选择出来的优秀个体某性状平均数之差）、性状的遗传力（即群体某一性状表型值的变异量中有多少是由遗传原因造成的，遗传力高说明该性状由遗传所决定的比例较大，环境对该性状表现影响较小，反之亦然）、世代间隔（即双亲产生后代的平均年龄）3个主要因素。

（一）个体选择

根据种猪本身的一个或几个性状的表型值进行选择叫作个体

选择，这是最普通的选择方法。应用这种方法对遗传力高的性状选择有良好效果，对遗传力低的性状选择效果较差。采用个体选择对于胴体品质好和生长速度高等中等遗传力性状是有效的，它比后裔测验更为经济实用。

为了充分发挥个体选择的作用，要注意以下几点。

（1）采用个体选择，要缩短世代间隔，加速世代的更迭。为此，育种场的成年母猪头数势必减少，青年母猪头数增多，由于成年母猪的生产性能高于青年母猪，这就造成育种猪的经济负担。所以，应当合理调控成年母猪和青年母猪头数。

（2）选择的主要性状为猪的日增重和6月龄背膘厚，为此，仔猪断乳时不要大量淘汰，应多留后备幼猪参加发育测定。

（3）为了使个体选择能在稳定的环境条件下进行，有条件的地区可建立公猪测定站，这样所获取的结果更加准确。

（二）系谱选择

系谱选择是根据父本、母本以及有亲缘关系的祖先的表型值进行选择的。因此，这种选择方法必须持有祖先的系谱和性能记录。系谱选择的准确度取决于以下4个因素。

（1）被选个体与祖先的亲缘关系越远，祖先对被选个体的影响就越小。在没有近亲繁殖的情况下，被选择的个体与每一亲代的亲缘关系是0.5，与每一祖代是0.25，与每一曾祖代是0.125。因此，亲缘关系越远，祖先对被选择的个体影响就越小。

（2）选择的准确度仍随性状遗传力的增加而增加，性状遗传力越高，祖先的记录价值就越大。

（3）在不同时间、不同环境条件下所得的祖先的性能记录，对判断被选个体的育种值作用不大。因为数量性状易受环境的影响，以及可能存在着基因与环境的互作影响。

（4）在一般生产的情况下不易获得祖先系谱和祖先性能的

详细记录，或缺乏同期群体平均值的比较资料，这就大大地降低了系谱选择的作用。因此，今后应加强系谱的登记工作，并在系谱中记录祖先的性能成绩与同期群体平均生产成绩相比较的材料，这样的系谱对判断被选个体的育种值具有较大的价值。

(三) 同胞测验

同胞测验就是根据全同胞或半同胞的某性状平均表型值进行选择。这种测验方法的特点就是能够在被选个体留作种用之前，即可根据其全同胞的育肥性状和胴体品质的测定材料作出判断，缩短了世代间隔，对于一些不能从公猪本身测得的性状，如产仔数、泌乳力等，可借助于全同胞或半同胞母猪的成绩作为选种的依据。

同胞测验是用 4 头供测验的同胞平均成绩作为全同胞鉴定的依据。而同父异母的 2 头半同胞的平均成绩可作为父系半同胞的鉴定依据。

同胞测验在猪选种上的应用比系谱选择要广泛得多。因为猪是多胎动物，可充分提供有关同胞的资料。

同胞测验同时又是对几个亲本的后裔测验。同胞测验与后裔测验的差别在于对测验结果的利用上不同。

(四) 后裔测验

后裔测验是指在条件一致的环境下，对公猪和亲本的仔猪进行比较测验，按被测后裔的平均成绩来评价亲本的优势，也适用于母猪的鉴定。这种方法对低遗传力或中等遗传力性状选择的准确性较高，而且能获得限性性状或种猪不能直接度量的性状，如胴体瘦肉率就不能在种猪个体直接进行，需要通过后裔测验进行判断。

后裔测验时，应从被测公猪和 3 头以上与配母猪所生的后裔中每窝选出 3 头 (1公、1母和1阉公猪)，共9头后裔的生产性能成绩作为鉴定母猪的依据。由于此法测验准确性高，故被广泛应用。

（五）合并选择

合并选择是根据个体本身的资料结合同胞资料进行的选择，在对公猪进行本身测定的同时，对其他同父同母的 2 头同胞进行测验。用此法可对公猪的种用价值尽早地作出评价。

三、选种的时间和内容

猪的选种时间通常分为 3 个阶段，即断奶时的选种、6 月龄时的选种和母猪初产后（14~16 月龄）的选种。

（一）断奶时的选种

应根据父母和祖先的品质（即亲代的种用价值）、同窝仔猪的整齐度以及本身的生长发育（断奶重）和体质外形进行鉴定。外貌要求无明显缺陷、失格和遗传疾病。失格主要指不符合育种要求的表现，如乳头数不够、排列不整齐，毛色和耳形不符合品种要求等。遗传疾病如疝气、乳头内翻、隐睾等。这些性状在断奶时就能检查出来，不必继续审查，即可按规定标准淘汰。由于在断奶时难以准确地选种，应力争多留，便于以后精选。

（二）6 月龄时的选种

这是选种的重要阶段，因为此时是猪生长发育的转折点，许多品种此时可达到约 90 千克活重。通过本身的生长发育资料并参照同胞测定资料，基本上可以说明其生长发育和育肥性能的好坏。这个阶段选择强度应该最大，如日本实施系统选育时，这一阶段淘汰率达 90%，而断奶时期初选仅淘汰 20%。

6 月龄时的选种重点为从断奶至 6 月龄的日增重或体重、背膘厚和体长，同时可结合体形外貌和性器官的发育情况，并参考同胞生长发育资料进行选种。选种时猪应符合以下 5 点。

（1）结构匀称，身体各部位发育良好。体躯长，四肢强健，体质结实。背腰接合良好，腿臀丰满。

（2）健康，无传染病（主要是慢性传染病和气喘病），有病者不予鉴定。

（3）性征表现明显，公猪要求性欲旺盛，睾丸发育匀称，母猪要求外阴和乳头发育良好。

（4）食欲好，采食速度快，食量大，更换饲料时适应较快。

（5）符合品种特征的要求。

（三）母猪初产后（14~16 月龄）的选种

此时母猪已有繁殖成绩，因此，主要据此选留后备母猪。在断奶时的选种虽然考虑过亲代的繁殖成绩，但难以具体说明本身繁殖力的强弱，必须以本身的繁殖成绩为主要依据。当母猪已生产第一窝仔猪并达到断奶时，首先淘汰生产畸形、脐疝、隐睾、毛色和耳形等不符合育种要求仔猪的种猪，然后再按母猪繁殖成绩和选择指数高的留作种猪，其余的转入生产群或出售。

目前，我国种猪场的选种强度不大，一般要求公猪（3~5）：1，母猪（2~3）：1。因此，工作人员应根据现场情况和育种计划的要求，创造条件适当提高选种强度。

四、建立种猪档案

（1）建立种猪档案及种群系谱是做好选种选配工作的基础。

（2）认真做好种猪配种产仔、后备猪生长发育与饲料消耗、育肥猪增重与饲料消耗、屠宰测定、肉质测定、分子检测等记录。

（3）按全国统一规定进行种猪测定，做好纸质记录，保证原始数据准确真实。

（4）将种猪测定数据资料录入电脑，建立育种数据库。

第二节　猪场安全引种

一、引种前的准备工作

引种前要根据本猪场的实际情况制订出科学合理的引种计划，计划应包括引进种猪的品种、级别（原种、祖代、父母代）、数量等。同时，要积极做好引种的前期准备工作。

（一）人员

种猪到场以前，首先根据引种数量确定人员的配备，特别是要配备有一定经验的饲养和管理人员。人员提前1周到场，实行封闭管理，并进行培训。

（二）消毒

1. 新建场引种前的消毒

种猪在引进前一定要加强场内的消毒，消毒范围包括生产区、生活区及场外周边环境。生产区又分为猪舍、料库、展览厅等，都应按照清洗—福尔马林熏蒸—30%氢氧化钠溶液喷雾消毒的程序进行消毒，消毒时猪舍的每一个空间一定要彻底，做到认真负责、不留死角。生活区与场外周边环境也要用3%~4%氢氧化钠溶液进行喷雾消毒。

2. 旧场改造后引种前的消毒

对于发生过疫病的猪场，在种猪引进之前一定要加强消毒与疫病检测。进入场区的通道全部用生石灰覆盖，猪栏也要用白灰刷一遍，粪沟内的粪便要清理干净，彻底用氢氧化钠溶液冲洗干净，旧场也要像新场一样消毒以后方可引种。

（三）隔离舍

猪场应设隔离舍，要求距离生产区最好有300米以上，在种

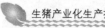

猪到场前的 10 天（至少 7 天），应对隔离舍及用具进行严格消毒，可选择质量好的消毒剂进行多次严格消毒。

（四）物品与药品、饲料

因种猪在引进之后，猪场要进行封闭管理，禁止外界人员与物品进入场内，故种猪在引进之前场内要把一些物品、药品、饲料准备齐全，以免造成不必要的防疫漏洞。需要准备的物品有饲喂用具、粪污清理用具、医疗器械，需要准备的药品有常规药品（如青霉素、安痛定、痢菌净等）、抗应激药品（如地塞米松等）、驱虫药品（如伊维菌素、阿维菌素等）、疫苗类（如猪瘟、口蹄疫等）、消毒药品（如氢氧化钠溶液、消毒威及其他刺激性小的消毒剂等）。同时饲料要准备充足，备料量要保证一周的饲喂量。所有物品包括饲料都要进行消毒。

（五）相关凭证和手续

种猪起运前，要向输出地的县级以上动物防疫监督部门申报产地检疫合格证、非疫区证明、运载工具消毒证明等，凭《动物运输检疫证》《动物及其产品运载工具消毒证明》，以及购买种猪的发票、种畜生产许可证和种畜合格证进行种猪的运输。

二、种猪运输

种猪的运输方式一般有汽车运输、铁路运输和空运，其中，汽车运输一般为中、短途运输，是国内引种最常用的运输方式；铁路运输和空运为长途运输。

（一）车辆准备

运输种猪的车辆应尽量避免使用经常运输商品猪的车辆，且应备有帆布，以供车厢遮雨和在寒冷天气车厢保暖。运载种猪前，应对车辆进行 2 次以上的严格消毒，空置 1 天后再装猪。在装猪前再用刺激性较小的消毒剂（如双链季铵盐络合碘）对车辆进行1次彻底消毒。为提高车厢的舒适性，减少车厢对猪只的损伤，车厢内可以铺上垫料，如稻草、稻壳、锯末等。

（二）必要物品的准备

在种猪起运前，应随车准备一些必要的工具和药品，如绳子、铁丝、钳子、注射器、抗生素、镇痛退热药以及镇静剂等。若是长途运输，还可预先配制一些电解质溶液，以供运输途中种猪饮用。

（三）种猪装车

种猪装车前2小时，应停止投喂饲料。如果是在冬季或夏季运猪，应该正确掌握装车的时间，冬季装车宜在上午11点至下午2点，并注意盖好篷布，防寒保温，以防感冒；夏季装车则宜在早、晚气候凉爽的时候。赶猪上车时，不能赶得太急，以防肢蹄损伤。为防止密度过大造成猪只拥挤、损伤，装猪的密度不宜过大。对于已达到性成熟的种猪，公、母不宜混装。装车完毕后，应关好车门。长途运输的种猪，可按0.1毫升/千克体重注射长效抗生素，以防运输途中感染细菌性疾病。对于特别兴奋的种猪，可以注射适量的镇静剂。

（四）具体运输过程

为缩短种猪运输的时间，减少运输应激，长途运输时，每辆运猪车应配备2名驾驶员交替开车，行驶过程中应尽量保持车辆平稳，避免紧急刹车、急转弯。在运输途中要适时停歇查看猪群（一般每隔3~4小时查看1次），供给猪只清洁的饮水，并检查猪只有无发病情况，如出现异常情况（如呼吸急促、体温升高等），应及时采取有效措施。途中停车时，应避免靠近运载有其他相关动物的车辆，切不可与其他运猪的车辆停放在一起。

运输途中遇暴风雨时，应用篷布遮挡车厢（但要注意通风透气），防止暴风雨侵袭猪体。冬季运猪时，应注意防寒保暖。夏季运猪时，应注意防暑降温，防止猪只中暑，必要时在运输过程中可给车上的猪只喷水降温（一般日淋水3~6次）。

在种猪运输过程中，一旦发现传染病或可疑传染病，应立即向就近的动物防疫监督机构报告，并采取紧急预防措施。途中发现的病猪、死猪不得随意抛弃或出售，应在指定地点卸下，连同被污染的设备、垫料和污物等，在动物防疫人员的监督下按规定进行处理。

三、引种入场后的管理

（一）消毒

种猪到达目的地后，立即对卸猪台、车辆、猪体及卸车周围地面进行消毒，然后将种猪卸下，用刺激性小的消毒液对猪体及运输用具进行彻底消毒，用清水冲洗干净后进入隔离舍，如有损伤、脱肛等情况的种猪应立即隔开单栏饲养，并及时治疗处理。偶蹄动物的肉及其制品一律不准带入生产区内。猪体、圈舍及生产用具等每周消毒2次，疫病流行季节要增加消毒次数，并加大消毒剂的浓度；猪群采取全进全出制，批次化管理，每次转群后要本着一清、二洗、三消、四洗、五熏（清扫、冲洗、消毒、冲洗、福尔马林熏蒸）的原则进行消毒，空舍1周后才能转入饲养。消毒液可选用3%氢氧化钠溶液、百毒杀、消毒威等。

（二）饮水

种猪到场后先稍休息，然后给猪提供饮水，在水中可加一些维生素或口服补液盐，休息6~12小时后方可供给少量饲料，第

2天开始可逐渐增加饲喂量，5天后才能恢复正常饲喂量。种猪到场后的前2周，由于疫病加上环境的变化，机体对疫病的抵抗力会降低，饲养管理上应注意尽量减少应激，可在饲料中添加多维电解质，使种猪尽快恢复正常状态。

（三）隔离、观察

种猪到场后必须在隔离舍隔离饲养45天以上，严格检疫。猪场要特别重视布鲁氏菌病、伪狂犬病、猪瘟、口蹄疫等疫病，需对种猪采血并送有关兽医检疫部门检测，确认没有细菌感染和病毒感染。

观察猪群状况：种猪经过长途运输往往会出现轻度腹泻、便秘、咳嗽、发热等症状，饲养员要勤观察，如发现以上症状不要紧张，这些一般属于正常的应激反应，可在饲料中加入药物预防，如支原净和金霉素，连喂2周，即可康复。

观察舍内温度、湿度：要对隔离舍勤通风，勤观察温度、湿度，保持舍内空气清新、温湿度适宜。隔离舍的温度要保持在15~22℃，湿度要保持在50%~70%。

（四）登记

种猪在引进后要按照引种猪场提供的系谱，逐头地核对耳号。核对清楚后，要对每一个个体进行登记，打上耳号牌，输入计算机。

（五）免疫与驱虫

免疫接种是防止疫病流行的最佳措施，但疫苗的保存及使用不当都有可能造成免疫失败，因此规模化猪场要严格按照疫苗的保存要求和使用方法进行保存、使用，确保疫苗的效价。免疫接种可根据猪群的健康状况、猪场周围疫病的流行情况进行。猪场要定期进行免疫抗体水平的监测工作，如发现抗体水平下降或呈阳性，应及时分析原因，加强免疫，保证猪群健康。种猪到场1

周后，应该根据当地的疫病流行情况、本场内的疫苗接种情况和抽血检疫情况进行必要的免疫注射（如猪瘟疫苗、口蹄疫疫苗、伪狂犬病疫苗、细小病毒病疫苗等），免疫要有一定的间隔，以免造成免疫压力，使免疫失败。7月龄的后备猪在此期间可针对一些引起繁殖障碍的疾病进行防疫注射（如猪细小病毒病疫苗、乙型脑炎疫苗等）。

猪场为了防止寄生虫感染，一定要把驱虫工作纳入防疫程序中，制订驱虫计划，每批猪群都要进行驱虫，防止寄生虫感染。猪在隔离期内，接种完各种疫苗后，应进行1次全面驱虫，可使用长效伊维菌素等广谱驱虫剂，皮下注射驱虫，使其能充分发挥生长潜能。

（六）合理分群

新引进母猪一般为群养，每栏4~6头，饲养密度适当。小群饲养有两种方式：一是小群合槽饲喂，这种方法的优点是操作方便，缺点是猪群不同个体采食不均匀，特别是后期限饲阶段容易造成争抢；二是单槽饲喂，这种方法的优点是采食均匀，生长发育整齐，但需要一定数量的设备。公猪要单栏饲喂。

（七）训练

猪生长到一定年龄后，要进行人畜亲和训练，使猪不惧怕人对它们的管理，为以后的采精、配种、接产打下良好的基础。管理人员要经常接触猪只，抚摸猪只敏感的部位，如耳根、腹侧、乳房等处，促使人畜亲和。

（八）淘汰

引进种猪于85千克以后，应测量活体膘厚。按月龄测定体长和体重，要求后备猪在不同阶段应有相应的体长和体重。对发育不良的猪，应分析原因，及时淘汰。

第三节 猪的选配

猪的选配是指有目的、有计划、有组织地选择公、母猪交配，以获得优良的后代。它是一个科学地选择配种组合的过程。如果种猪本身很优秀，却任意和其他种猪杂交，则所产的仔猪不一定是最优秀的，这是由于杂交后代的基因型变化所致。基于此，种猪场在选择优秀种猪的基础上必须进行种猪的科学选配。只有这样，才能进一步增强选种的实际效果、提高整个猪群的整体质量。

一、猪的选配原则

（1）要有明确育种目标，尽量组织亲和力好的猪配种。

（2）公猪质量要高于母猪，这是因为公猪具有带动和改进整个猪群的作用，而且选留数量较少。

（3）不随意近交，近交只能控制在育种群中短期局部使用，而在一般繁殖群，远交才是长期而又普遍使用的方法。

（4）具有相同缺点或相反缺点的猪禁止选配。

（5）做好品质选配，对于优秀公、母猪，均应进行同质选配，以便在后代中加强和固定其优良品质。

二、猪的选配方法

根据选配的对象，种猪选配的方法可分为两类：个体选配法和种群选配法。

（一）个体选配法

个体选配法常用于猪品种选育提高和育成新品种。在进行个体选配时，一般以参与选配的个体的亲缘关系远近和个体的性状

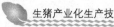

品质为选配依据。其中以参与选配个体的性状品质为选配依据的选配方式称为品质选配，以参与选配个体的亲缘关系远近为选配依据的选配方式称为亲缘选配。

1. 品质选配

品质一般是指体质、体形、生物学特性、生产性能和产品质量等方面，也可指遗传品质。品质选配是考虑交配双方品质对比的选配，根据选配猪的品质对比，可分为同质选配和异质选配。

（1）同质选配。同质选配选择具有相同优良性状的公、母猪来配种，使亲本的优良性状稳定地遗传给后代，使优良性状得到保持和巩固，以期获得与亲本优良性状相似的优良后代个体。

（2）异质选配。异质选配可以选择具有不同优良性状的公、母猪配种，以获得兼有双亲不同优点的后代；也可以选同一性状但优劣程度不同的公、母猪配种，使后代有较大的改进和提高。

2. 亲缘选配

亲缘选配是根据种公、母猪亲缘关系远近进行选配的一种方法。当猪群中出现优秀个体时，为了尽可能保持优秀个体的特性，揭露隐性有害基因，提高猪群的同质性，可采用亲缘选配。为了防止近亲选配（双方共同祖先的总代数不超过6代）而造成的繁殖性能、生活力和生产力下降等遗传缺陷衰退现象，应严格控制近亲选配系数的增大。一般繁殖场和商品猪场应避免近亲选配。但近亲选配运用得当，可以加速优良性状的巩固和扩散，是育种工作中的一个重要手段。为了避免选配过程中出现衰退现象而造成损失，一般只限于培育品系（包括近亲系）以及为了固定理想性状才可使用各种不同程度的近亲选配。

（二）种群选配法

种群选配的意义在于扩繁，即通过种群选配，逐步提高猪群的整体繁殖水平。而扩繁的目的在于获得更多数量的优良种猪以进行杂交生产。

第四节　猪杂种优势的安全利用

一、概念

猪杂种优势的利用是有计划地选用两个或两个以上不同品种猪进行杂交，利用杂种优势来繁殖具有高度经济价值育肥猪的一种改良方法。

二、杂交亲本的选择

杂交亲本是指猪进行杂交时选用的父本（公猪）和母本（母猪）。

（一）对父本猪种的要求

父本必须是高产瘦肉型良种公猪。如我国从国外引进的长白猪、约克夏猪、杜洛克猪、汉普夏猪、皮特兰猪、迪卡配套系猪等高产瘦肉型种公猪等都可作为父本，猪场常用杜洛克公猪作为终端父本，它们的共同特点是生长快、耗料少、体形大、瘦肉率高，是目前最受欢迎的父本。

注意第一父本的繁殖性能不能太差，凡是通过杂交选留的公猪，其遗传性能很不稳定，要坚决淘汰，绝对不能留作种用。

（二）对母本猪种的要求

对母本猪种的要求，特别要突出繁殖力强的性状特点，包括产仔数、产活仔数、仔猪初生重、仔猪成活率、仔猪断奶窝重、泌乳力和护仔性等性状都应良好。由于杂交母本猪种需要量大，故还需强调其对当地环境的适应性。母本如果选用引进品种，应选择产仔数多、母性强、泌乳力高、育成仔猪数多的品种，如大白猪、长白猪等，都是应用较多的品种。

由于我国地方品种母猪适应性强、母性强、繁殖率高、耐粗饲、抗病力强等，可以利用引进品种的良种公猪和地方母猪杂交后产生后代。这些后代一是生长快，饲料报酬高；二是繁殖力强，产仔多而均匀，初生仔猪体重大，成活率高；三是生活力强，耐粗饲，抗病力强，胴体品质好。选用我国地方品种时要选择分布广泛、适应性强的地方品种母猪，如太湖猪、哈尔滨白猪、内江猪、北京黑猪、里岔黑猪、烟台黑猪或者其他杂交母猪。

由此可知，亲本间的遗传差异是产生杂种优势的根本原因。不同经济类型（兼用型×瘦肉型）的猪杂交比同一经济类型的猪杂交效果好。因此，在选择和确定杂交组合时，应重视对亲本的选择。

三、常见的杂交方式

常见的杂交方式主要有二元杂交、三元杂交、四元杂交、级进杂交、轮回杂交等，商品猪生产中常用的是引进品种的二元杂交、三元杂交和四元杂交方式。

（一）猪的二元杂交

二元杂交又称简单经济杂交，是利用两个不同品种的公、母猪进行杂交的一种杂交方式。

它通常以两个品种的公、母猪杂交，形式为：A品种公猪与B品种母猪交配，产出的后代可用于经济目的，即用作商品育肥猪。

在这种杂交方式中，父本可选用引进品种中生长速度快、饲料报酬较好、胴体瘦肉率高的杜洛克猪，母本可选用繁殖性能好、适应性强的大白猪、长白猪，或用本地品种、本地培育品种作母本。在选用本地品种或本地培育品种作母本时，繁殖性能会比大白猪或长白猪作母本好，但杂种后代的生长速度、饲料利用率和胴体瘦肉率方面的表现，比选用后者作母本时差。猪的二元杂交有如下4种类型：本地猪种与地方良种、地方良种与引入品种、地方良种与国内新培育的品种、引入品种与引入品种。试验表明：二元杂交杂种猪的平均日增重优势率为6%，饲料利用率的优势率约3%。

（二）猪的三元杂交

三元杂交是先用两个品种杂交，产生在繁殖性能方面具有显著杂种优势的母本群体，再用第三个品种作父本与其杂交。这种杂交方式获得了最大的直接杂种优势和母本杂种优势。另外，三元杂交比二元杂交能更好地利用遗传互补性，比二元杂交的育肥效果更好。因此，三元杂交在商品肉猪生产中已被逐步采用，最常见的组合有杜×长×大或杜×大×长。

猪的三元杂交形式为：A品种的公猪与B品种的母猪杂交，在其后代中选择优良的母猪（AB）再与C品种的公猪杂交，所产的后代一律作商品育肥猪。例如，长白猪或大白猪的公猪与大白猪或长白猪的母猪杂交，选其后代长大或大长母猪再与杜洛克公猪杂交，所产的后代杜长大或杜大长三元猪即为商品育肥猪。

（三）猪的四元杂交

猪的四元杂交又称为双杂交，即在祖代先用4个品种分别进行两两杂交，产生父母代；再在父母代中选留父系和母系进行杂种间杂交，生产经济性状更好的商品猪。这种杂交方式，不仅能够保持杂种母猪的杂种优势，提供生产性能更高的杂种猪用来育肥，可以不从外地引进纯种母猪，以减少疫病传染的风险，而且由于猪场只养杂种母猪和少数不同品种良种公猪轮回相配，在管理和经济上都比二元杂交、三元杂交具有更多的优越性。这种杂交方式，不论养猪场还是养猪户都可采用，不用保留纯种母猪繁殖群，只要有计划地引入几个育肥性能好和胴体品质好，特别是瘦肉率高的良种公猪作父本实行杂交，其杂交效果和经济效益都十分显著。

猪的四元杂交形式为：A 品种的公猪与 B 品种的母猪杂交，其后代公猪再与 C 品种公猪跟 D 品种母猪杂交所得后代母猪杂交，获得的商品育肥猪具有 A、B、C、D 4 个品种的优势。例如，可用汉普夏猪作父本、杜洛克猪作母本，生产杂种公猪；用大白猪和长白猪互作父母本，生产杂种母猪，或用大白猪或长白猪作父本，本地品种或本地培育品种作母本生产杂种母猪。应该注意的是，不同地区、不同市场条件要求的商品育肥猪的类型不同，而且同一品种不同类群的猪产生的杂交效果也不同。因此组织猪的杂交时，在品种的选用和作父母本的安排上，并不是一成不变的。不同的猪场，应根据本地区和特定市场的要求，开展不同猪品种间的杂交配合力测定工作，摸索出一种或几种最佳杂交组合形式。

第四章　猪的繁殖

第一节　猪繁殖的基本规律

一、母猪的性成熟规律

青年母猪达到性成熟的时间以出现首次发情和排卵为准，西方猪种的性成熟年龄通常为 180~200 天，但个体间的差异较大，性成熟年龄有所不同，而中国猪种如梅山猪，其性成熟年龄要早得多，大约 90 日龄就可达性成熟。与性成熟有关的激素分泌机制十分复杂。当青年母猪趋近性成熟时，雌激素的分泌大量增加，同时促黄体素的分泌量也达到高峰，两者结合最终促使母猪开始发情并排卵。

虽然性成熟的发生年龄是由猪的遗传性状决定的，但有许多环境因素也对其有影响，相对于体重而言，猪的性成熟似乎与生理年龄的关系更为密切，特别是当生理年龄涉及生殖激素系统发育的阶段时，它对性成熟的发生是最为重要的。在其他影响因素都不变的情况下，猪的营养水平对性成熟发生的时间似乎也有一定影响，营养水平还会影响首次和后来各发情期的排卵数。

性成熟的年龄具有季节性变异，这种变异可能由光照或环境温度的变化所引起。有试验表明，增加光照长度会使性成熟提早，而提高环境温度会使性成熟推迟，在圈养舍饲方式中，光照

和温度的效应可通过调节舍内的光照时间和温度进行控制。

二、母猪发情排卵规律

(一) 发情周期

达到性成熟而未妊娠的母猪,在正常情况下每隔一定时间就会出现一次发情,直至衰老为止,这种有规律的周期称为发情周期。计算方法是由这次发情开始到下一次发情开始的时间间隔。母猪最初的 2~3 次发情不太规律,以后基本规律。母猪发情周期一般为 19~23 天,平均 21 天。

发情期后期母猪具有性欲表现;母猪外阴肿胀程度逐渐增强,到发情盛期达到最高峰;整个子宫充血,肌层收缩加强,腺体分泌活动增加,外阴处有黏液流出;子宫颈管道松弛;卵巢卵泡发育很快,此时母猪试图爬跨并嗅闻同栏其他母猪,但本身不能持久被爬跨,母猪尿中和阴道分泌物中有吸引和激发公猪的外激素。母猪一般在发情期末期开始排卵。

(二) 排卵规律

母猪发情持续时间为 40~70 小时,排卵时间在发情期的后 1/3 时间段,而初配母猪要晚 4 小时左右。母猪排卵的数量因品种、年龄、胎次、营养水平不同而异。一般初次发情母猪排卵数较少,以后逐渐增多。营养水平高可使排卵数增加。国外种母猪在每个发情期内的排卵数一般为 20 枚左右,排卵持续时间为 6 小时;地方种猪在每个发情期内的排卵数一般为 25 枚左右,排卵持续时间 10~15 小时。

三、初配适龄

母猪性成熟并不等于体成熟,母猪生长发育尚未完成,因此,此时不宜进行配种,过早配种不仅影响第 1 窝产仔成绩和泌乳力，而且也将影响将来的繁殖性能；过晚配种会降低母猪的有效利用年限，相对增加种猪成本。一般适宜配种时间为：引进品种或含引进品种血统较多的种猪在 8 月龄左右，体重 80~90 千克，在第 2 或第 3 个发情期实施配种；地方种猪在 6 月龄左右，体重 70~80 千克时开始参加配种。实际生产中，有些猪场自己培育的母猪第 1 次发情就配种，导致产仔数较少，一般只有 7 头左右，并且出现产后少乳或无乳。也有些猪场外购的后备母猪由于受运输、环境、饲料、合群等应激影响，到场后 1 周左右出现发情，于是安排配种，结果同样出现产仔数少、产后无乳等情况，这种情况应引起注意。

四、公猪精子的形成及初配适龄

（一）公猪的性成熟

公猪发育到一定时期，睾丸内能产生成熟的精子和雄性激素，具有性行为，配种能使母猪受孕，此时称性成熟。

性成熟的时间，受环境和品种等因素的影响。一般来说，我国北方地区年平均气温低，猪性成熟较迟，而南方年平均气温高，猪性成熟较早。早熟品种的性成熟时间比晚熟品种的早，我国的地方品种又比外国引入品种早。公猪达到性成熟的时间，我国南方品种为 4~5 月龄，北方品种为 5~6 月龄，培育品种为 6~8 月龄。

（二）精液

精液由精子和精清两部分组成。猪精液中，精子约占精液的 2%~5%，每毫升浓稠猪精液中含有精子 10 亿~20 亿个。精液的化学成分中，90%~98% 为水分，2%~10% 为干物质。在精清内含有果糖、山梨醇、乳酸、柠檬酸、抗坏血酸、肌醇、酶类和钠、钾、钙、镁、氯等无机物。

精清的作用是稀释精子，便于精子的运送。精清内所含的物

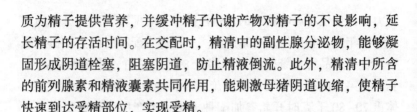

质为精子提供营养，并缓冲精子代谢产物对精子的不良影响，延长精子的存活时间。在交配时，精清中的副性腺分泌物，能够凝固形成阴道栓塞，阻塞阴道，防止精液倒流。此外，精清中所含的前列腺素和精液囊素共同作用，能刺激母猪阴道收缩，使精子快速到达受精部位，实现受精。

（三）初配适龄

公猪达到性成熟时，其身体尚在发育，过早参加繁殖配种，会影响身体发育，缩短利用年限。因此，公猪达到性成熟，并不代表能用于配种。公猪初配的年龄，应安排在身体基本发育成熟、其体重达到成年体重的 50% ~ 60% 时。小型早熟品种的初配年龄在 8 ~ 10 月龄，体重达 60 ~ 70 千克时；大、中型品种的初配年龄在 10 ~ 12 月龄，体重达 90 ~ 120 千克时。

第二节 发情鉴定与适时配种

一、母猪发情鉴定

（一）母猪的发情表现

母猪发情征兆的强弱，随品种类型的不同而不同。我国许多地方品种猪发情征兆明显；高度培育品种猪和其杂种母猪发情征兆不如地方良种明显，如杜洛克母猪发情就没有大白母猪、长白母猪明显。此外，后备母猪的发情鉴定比生产母猪的难。母猪的发情征兆表现，可归纳为以下 4 个方面。

1. 行为特征

母猪开始显得焦躁不安，频频起立，来回走动，排粪、排尿，继而对同栏猪追逐爬跨，工作人员以手压其背静立不动，有压背反射，触摸肋部、臀部、立耳、尾渐上举。当公猪临近时，非常敏感，发出嗷嗷叫声，紧挨公猪身旁。

2. 外阴变化

母猪发情时，外阴充血肿胀，色泽从桃红色变暗红色再变淡红色，阴道黏膜颜色由浅红色变深红色再变浅红色，红色深度和肿胀程度与发情期长短有一定的关联。外阴红肿达到高峰时可见半透明乳白色少量黏液流出，一般开始出现在接受配种的前一天或当天，多见于上午。配种后会有白色或淡黄色黏液出现。若黏液颜色深、有腥臭味、量多则不正常。由于母猪发情时的外阴肿胀表现比较明显，故外阴观察法是母猪发情鉴定的主要方法。

3. 接受爬跨

母猪发情到一定程度时，不仅接受公猪爬跨，同时愿意接受其他母猪爬跨，甚至主动爬跨别的母猪。若将公猪赶入圈栏内，发情母猪极为兴奋，会主动接近公猪，头对头地嗅闻；若公猪爬跨其后背时，则静立不动，此时正是配种良机。

4. 压背反射

采用人为按压或骑坐其背腰部的方法，发情母猪经常两后腿叉开，静立不动、尾稍翘起、凹腰弓背，此种现象称为静立反射。

（二）发情鉴定的方法

发情鉴定是对母猪发情阶段及排卵时间作出判断的技术。通过发情鉴定，可以判断母猪是否发情、发情所处的阶段并推测出排卵时间，从而为准确确定母猪适宜的配种或输精时间提供依据。

发情鉴定常用的方法有外部观察法、试情法和阴道检查法等。由于母猪发情持续期长，外阴和行为变化明显，生产上，母猪发情鉴定以外部观察法为主，结合压背反射试验进行判断。

通过发情鉴定，不仅可以提高母猪的受胎率和繁殖率，而且还可以发现母猪的性机能是否正常，以便及时治疗生殖系统疾病。发情鉴定的其中两种方法介绍如下。

1. 外部观察法

外部观察法主要是通过观察母猪的行为表现、精神状态和阴道排泄物等来确定是否发情和发情程度的一种方法。生产上，采用"一看、二听、三算、四压背、五综合"的鉴定方法，即一看外阴变化、行为表现、采食情况；二听母猪的叫声；三算发情周期和持续期；四进行压背反射试验；五进行综合分析。当外阴不再流出黏液，阴道黏膜由红色变为粉红色，母猪出现静立反射时，为输精较好时间。具体方法为：当母猪处于发情初期，表现不安，时常嚎叫，外阴稍充血肿胀，食欲减退，大约半天后外阴充血明显，略微湿润，喜欢爬跨其他母猪，也接受其他母猪爬跨。之后，母猪的交配欲望达到高峰，此时外阴充血更为明显，呈潮红湿润，如果有其他猪爬压其背部，则出现静立反射。

可根据上述方法综合鉴定母猪发情而适时配种，也可采用人工合成的公猪外激素对母猪喷雾，观察母猪的反应，具有很高的准确率。

2. 试情法

试情法是采用试情公猪来鉴定母猪是否进入发情期的一种方法。生产中，一般选用善于交流、唾液分泌旺盛、行动缓慢的老公猪或其他公猪，也可以采用母猪或育肥猪进行试情。为了防止试情过程中发生本交，试情用的公猪要经过相应的处理，如结扎输精管、戴上试情布等。

（1）公猪试情。把公猪赶到母猪圈内，如母猪拒绝公猪爬跨，证明母猪未发情；如主动接近公猪，接受公猪爬跨，证明母猪正在发情。

（2）母猪试情。将其他母猪或育肥猪赶到母猪舍内，如果母猪爬跨其他猪，说明正在发情；如果不爬跨其他母猪或拒绝其他猪入圈，则没有发情。

（3）人工试情。通常未发情母猪会躲避人的接近和躲闪人用手或器械触摸其外阴。如果母猪不躲避人的接近，也不躲闪人用手或器械接触其外阴，用手按压母猪后躯时，表现静立不动并用力支撑，说明母猪正在发情，应及时配种。

二、适时确定配种时间

由于母猪发情受品种、胎次、环境、体质等因素影响，它们的最佳配种时间就不容易被掌握。发情母猪适宜的配种时间内发情的特征具有如下特点。

（一）精神状态

发情母猪的精神状态大致可以分为 3 种类型，即亢奋型、安静型和隐性型。

1. 亢奋型

发情一开始，母猪表现出不安的现象，即开始拱圈、嚎叫，不停地在圈内走动。工作人员很容易从母猪的精神状态中看出它已经发情了。发情至中后期，母猪狂躁不安，爬墙，甚至跳出圈外。此种类型的母猪当发现从不安转入亢奋状态后应输精配种，此时配种准胎率极高。

2. 安静型

这种类型的母猪在发情初期也表现出不安的现象，如嚎叫、走动。它和亢奋型不同的是原来调皮的母猪变得温顺了，愿意接近人。发情进入中后期，母猪甚至发呆，立在圈内不动，任凭其他猪只爬跨和嘴拱，即使被棍子打也一动不动。人若和它接近时，母猪把臀部靠向人，用手压其腰部，两耳呈耸立状态。这种类型的发情母猪出现发呆征兆时即可第 1 次配种，间隔 12 小时

再配 1 次, 受胎率高, 并且可以得到满意的产仔数。

3. 隐性型

隐性型的母猪发情后食欲照常, 并没有不安的现象, 唯有外阴红肿并流出黏液。没有经验的饲养员不容易看出母猪已经发情了, 但可以根据外阴的变化和黏液性状进行配种。

(二) 发情持续时间

母猪的发情持续时间一般为 48～96 小时, 只有极少数的母猪持续 24～36 小时。每头母猪的发情持续时间是有变化的, 但是其相邻的两个发情期的持续时间却是相对稳定的。工作人员可以根据母猪上个发情持续期算出这个发情期的持续时间。每头母猪发情持续时间的长短也会受外部环境所影响。

(三) 外阴肿胀

外阴肿胀是母猪发情的先驱征兆。有的猪外阴大, 有的猪外阴小。外阴越大, 肿胀越明显。按胎次来说, 初配母猪外阴肿胀比胎次多的母猪明显。所以在观察母猪外阴肿胀程度时必须考虑到这些情况。

根据外阴肿胀程度配种, 可在外阴肿胀正在消退并出现明显的皱褶时为宜, 此时母猪正处在排卵前夕。

(四) 阴道黏膜颜色

阴道黏膜颜色变化在母猪发情征兆中最为突出。由于发情期间阴道充血, 毛细血管发达, 导致阴道黏膜颜色发红。阴道黏膜发红是渐进性的。发情开始, 外阴发红; 掰开阴唇观察, 只有前庭前段充血发红。约 12 小时后, 充血才延续到阴道前庭, 外阴整个都为红色, 温度也稍高, 此时已接近发情中期。随着时间的推移, 红色逐渐消退, 阴道前庭慢慢由红色变为粉红色, 继而变成粉白色。在阴道黏膜为粉红色时为输精最佳期, 母猪此时接近排卵。

根据黏膜颜色配种，还要考虑到母猪的年龄和胎次。年龄大、胎次高的母猪在排卵前阴道黏膜有时不是粉红色而呈玫瑰红色。在阴道黏膜为玫瑰红时配种最适宜，粉红色时即到晚期。也有少数初配母猪的阴道黏膜呈粉白色时为最佳输精期。

（五）黏液性状

当母猪阴道发红后，会伴随着黏液的分泌。母猪刚有发情征兆时，由于黏液量少和黏稠并不见有黏液流出，此时阴道里的黏液有拉力。随着发情时期的延长，黏液也越来越稀。发情初期的黏液呈乳白色、稀薄、量多，时而流出后附着在外阴，由于风干变得有黏性，能粘住褥草。用手掰开外阴，往往会有大量黏液流出。发情中期，黏液量最多，较初期时稍微透明。发情进入后期，黏液由稀逐渐变稠，量也由多变少，颜色透明度也高。将黏液在食指上与拇指轻轻接触，在食指离开拇指 3~4 毫米处观察黏液性状，就会发现黏液有牵缕性，表现为食指与拇指之间有一缕丝状的透明黏液。如若此时配种，受胎率极高，是理想的输精时机。

三、正确诱导母猪发情

随着我国现代化养猪业的迅速发展，外来良种猪的大量引种和杂交利用，母猪性成熟延迟率和乏情率日趋增高，给养猪生产带来很多困难，这一问题在瘦肉型良种场更为突出。实践证明，由于多种因素的作用，后备母猪往往性成熟时间延迟，这时就需要采用一些方法进行诱导，以缩短培育时间，使其尽快发情。

（一）运输

国外有研究表明，在临近性成熟阶段（6 月龄左右），将青年母猪装车运输，过几天后，这些母猪就有发情表现。运输对性成熟的刺激作用与其他刺激方式如公猪刺激等无关。在某些猪场中有一种常用的管理方式，那就是当青年母猪的性成熟推迟时，将其装上车，绕场运输一段时间，以促进首次发情的到来。

（二）公猪刺激

母猪群养并经常以公猪试情或调换圈舍，这些措施易引起母猪中枢神经兴奋，调整内分泌，以利于发情。公猪的气味除了能诱使母猪提早发情外，还能诱导母猪群同期发情，这一点有助于猪场对产仔实行有序管理。

在猪场布局、猪舍风向的安排上，公猪舍应安排在上风向，而母猪舍则应安排在下风向。反之，不仅会失去了公猪气味对母猪发情的诱导作用，而且会增加公猪的异常性行为。

（三）外源激素

应用外源激素也可诱导青年母猪的性成熟。外源激素包括雌激素，以及联合使用的孕马血清促性腺激素和人绒毛膜促性腺激素。实践证明，两种激素的联合使用在生产实际中运用得最多、最广泛。具体做法：首先肌内注射 1 次孕马血清促性腺激素 800~1 000 单位，约 4 天后出现发情征兆；然后注射人绒毛膜促性腺激素 800 单位，以促进排卵；最后配种。孕马血清促性腺激素也可用促卵泡激素代替。但要注意在使用激素时，母猪不应低于 160~170 日龄。

（四）催情补料

经产或初产母猪在配种之前，给多于正常量的优质饲料，可起到刺激母猪多排卵、多产仔猪的作用。在配种前的 10~14 天内，给母猪（不论初产或经产）2 倍于通常量的优质饲料，可以刺激母猪多排卵，从而在分娩时可以多生产仔猪。用此种方法催情，在母猪配种之后，要立即将日粮减回到正常饲喂量，否则可能会导致胚胎死亡率的增加。

（五）调整母猪配种前的体况

高产母猪应具备的标准体况：母猪在断奶后应为 2.5 分，在妊娠中期应为 3 分，在产仔时应为 3.5 分。对于青年母猪，进行短期优饲，即在配种前 10~14 天开始到配种结束改善其营养，可以提高其排卵数。从饲养方式来看，单栏饲养优于群饲，可以有针对性地给予不同个体以不同的饲料量，但这种饲养方法不利于母猪的活动，母猪常常会因缺少运动而体质衰弱。

四、合理选择配种技术

常用的配种技术有自然交配和人工授精。

（一）自然交配

自然交配也称本交，是指发情母猪与公猪所进行的直接交配，通常分为自由交配和人工辅助交配。

1. 自由交配

自由交配是把公、母猪放在一起饲养，公猪随意与发情母猪交配。一般 15~20 头母猪放入 1 头公猪，让其自然交配。这种配种方式易造成公、母猪乱交滥配。母猪缺乏配种记录，无法推算预产期；公猪滥配，使用过度，影响健康。因此，养猪生产上已很少采用这种配种方式。

2. 人工辅助交配

人工辅助交配的公猪平时不和母猪混在一起饲养，而是在母猪发情时，将母猪赶到指定地点与公猪交配或将公猪赶到母猪栏内交配。当公猪爬上母猪背时，辅助人员用手把母猪尾拉开，另一手牵引公猪包皮引导阴茎插入阴道，然后观察公猪射精情况，当公猪射完精后，立即将公猪赶走，以免进行第 2 次交配。这种配种方式能合理地使用公猪。

配种可分为单次配种、重复配种、双重配种、多次配种。单次配种指在一个发情期内，母猪只与 1 头公猪交配 1 次。重复配种指第 1 次配种后，间隔 8~12 小时用同一公猪再配 1 次，以提高母猪受胎率和产仔数。双重配种指在母猪的一个发情期内，用同一品种或不同品种的 2 头公猪，先后间隔 10~15 分钟各配种 1 次。此方法只适宜生产商品猪的猪场。多次配种指在母猪的一个发情期内，用同一头公猪交配 3 次或 3 次以上，配种时间分别在母猪发情后第 12、24、36 小时。为了保证高受精率，有条件的最好采用双重配种。

(二) 人工授精

人工授精的优点很多，是规模化养猪必须掌握的一门技术。人工授精技术需要注意种公猪采精调教、采精频率、公猪的射精时间和采精量、采集公猪精液流程、精液品质检查、精液稀释、精液保存和输精等。

1. 公猪采精调教

①调教的目的是引导公猪爬跨假母猪台。②后备公猪 7 月龄开始进行采精调教。③每次调教时间不超过 20 分钟。④一旦采精获得成功，分别在第 2、第 3 天再采精 1 次，对该技术进行巩固和掌握。⑤采精调教可采用发情母猪诱导（让待调教公猪爬跨正在发情的母猪，爬上后立即把公猪赶下，赶走母猪，然后引导公猪爬跨假母猪台），观摩有经验的公猪采精，在假母猪台后端涂抹发情母猪尿液、发情母猪分泌物、成年公猪尿、成年公猪精液或成年公猪包皮液等刺激方法。⑥调教公猪要循序渐进、有耐心、不打骂公猪。⑦注意调教人员的安全。配种人员在公猪圈内或者轰赶公猪时要小心，防止公猪的头和嘴伤害人。如果站在公猪旁边时，一定要站在它的后面，周围没有障碍物，便于躲闪。如果人站在公猪前面，则要与公猪保持一定距离。

2. 采精频率

8~12 月龄公猪每周 1 次；12~18 月龄青年公猪每 2 周采 3 次；18 月龄后每周采 2 次。通常建议两次采精之间间隔 48~72

小时。所有采精公猪即使精液不用于人工授精时，每周也应采精
1次，以保持公猪性欲和精液质量。

3. 公猪的射精时间和采精量

因年龄、个体大小、采精技巧和采精频率变化很大，公猪完
成1次射精最少需要5分钟，整个采精时间需要5～20分钟。正
常情况下，1头公猪的射精量为150～300毫升，也有的会超过
400毫升。

4. 采集公猪精液流程

（1）采精前准备。采精室要做到清洁、干燥，地面没有异
物。采精室天棚采用铝扣板或塑钢板材，减少灰尘，并且每周清
扫1次。采精人员头戴卫生帽，防止头发和皮屑脱落污染精液。
化学制品（乳胶手套、水、肥皂、酒精等）、光（阳光、紫外
线）和不适宜温度（热、冷）有损精子品质，应避免。采精员
采精时戴手套，如徒手时必须严格消毒，防止精液交叉污染，同
时采精员必须定期修剪指甲，防止指甲过长划破手套污染精液。
在采集精液前，所有与精液接触的物品，包括手套、采精杯、精
液分装瓶等全部要在恒温箱37℃预热，保证采精时精液与其接
触物品的温度相差不高于2℃。

（2）清洁公猪。饲养员将待采精的公猪赶至采精栏，用温
水将公猪的下腹部清洗干净，挤掉包皮积尿，清洗包皮后，用卫
生纸把包皮彻底擦干净。

（3）采精员戴上消毒手套，蹲在假母猪台左侧，公猪爬跨
假母猪台时用0.1%高锰酸钾溶液将公猪包皮附近洗净消毒。当
公猪阴茎伸出时，用手紧握伸出的公猪阴茎螺旋状龟头，顺势将
阴茎拉出，让其转动片刻，用手指由轻至紧握紧阴茎龟头不让其
转动，待阴茎充分勃起时，顺势向前牵引，用手在螺旋部分的第
1和第2脊处有节奏地挤压，压力要适当，不可用力过大或过

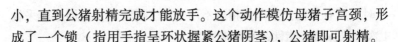

小，直到公猪射精完成才能放手。这个动作模仿母猪子宫颈，形成了一个锁（指用手指呈环状握紧公猪阴茎），公猪即可射精。

（4）另一只手持带有专用过滤纸（或无菌纱布）的集精保温杯（瓶），杯（瓶）内放一次性采精袋收集浓精液，公猪第1次射精完成，按原姿势稍等不动，即可再次射精，直至完全射完为止。采精过程中前段精液和末段精液不要收集，前段精液几乎无精子，可能还会混有少量尿液；后段精液胶状物含量多并且精子含量少，也不宜收集。一般情况下仅收集乳状、不透明、富含精子的中段精液。精液采集后撤掉过滤纸，把采精袋扎好并立即盖上集精保温杯盖子。

（5）采集的精液应迅速放入恒温箱中，由于精液对低温十分敏感，特别是当新鲜精液在短时间内剧烈降温至 10 ℃ 以下，精子将产生不可逆的损伤，这种损伤称为冷休克。因此在冬季采精时应注意精液的保温，以避免精子受到冷休克的打击不利于保存。集精瓶应该经过严格消毒、干燥，最好为棕色，以减少光线直接照射精液而使精子受损。由于公猪射精时总精子数不受爬跨时间、次数的影响，因此没有必要在采精前让公猪反复爬跨母猪或假母猪台提高其性兴奋程度。

5. 精液品质检查

（1）精液量。用电子天平称量精液，按 1 克 = 1 毫升计。

（2）颜色。正常的精液是乳白色或浅灰白色，精子密度越高，色泽越浓，其透明度越低。如精液带有绿色或黄色是混有脓液或尿液的表现，如精液带有淡红色或红褐色是含有鲜血或陈血的表现，这样的精液应舍弃不用并针对症状找出原因，进行相应诊治。

（3）气味。精液略带腥味，如有异常气味，应废弃。

（4）精子活力检查。精子活力是指呈直线运动的精子百分率，在 200 倍或 400 倍显微镜下观察精子活力，原精液一般按 0~5 分评分；稀释后的精液一般按百分制评分。一般要求原精活力在 2 分以上的精液可以进行稀释；稀释后精子活力在 70% 以上的精液可以进行分装；储藏精子活力在 60% 以上的精液可以使用。

（5）精子密度。精子密度指每毫升精液中所含的精子数，是确定稀释倍数和可配母猪头数的重要指标。精子密度过小会造成产仔数降低，密度过大将影响精液的保存期。精子密度检测的主要方法有显微镜观测法、白细胞计数法和光度仪测定法。

显微镜观测法操作简便，可与精子活力检查同时进行。在 37 ℃环境下，用显微镜对没有稀释的原精液进行观察，根据精子的稠密程度确定精子密度。

白细胞计数法的设备比较简单，但操作繁杂、耗费时间。使用方法是用吸管吸取原精液滴入计数器上。

光度仪测定法可以准确测定精子密度，其原理是公猪精液样品的不透明度取决于精子数目，即精子密度越大，精液透光性越低。被测定的精液需滤去胶状物。

工作人员可根据实际情况选用测定精子密度的方法，如对公猪精液进行定期全面评估时可使用白细胞计数法和光度仪测定法，而平时生产时用显微镜观测法即可。

（6）精子畸形率。精子畸形率是指异常精子的百分率，一般要求精子畸形率不超过 20%。畸形精子种类很多，如巨型精子、短小精子、双头或双尾精子、顶体膨胀或脱落精子、头部残缺精子、尾部分离精子、尾部弯曲精子等。

（7）精液的 pH 值检查。正常精液的 pH 值为 7.4 ~ 7.5。精液的 pH 值大小与精液的质量有关，pH 值偏小说明其品质较好。常用的测定 pH 值的方法是 pH 试纸比色。

6. 精液稀释

（1）实验室内应保持地面、台面、墙面和天棚无尘土。精液稀释人员进入实验室必须更换工作服和鞋帽。每次用完采精杯、稀释杯、玻璃棒和稀释瓶要进行彻底清洗，清洗后用双蒸水润洗两次，然后根据仪器的性质进行高压或者干烤消毒。精液稀释必须用双蒸水或者去离子水进行，并且双蒸水和去离子水的保存期不能超过 1 个月。

（2）精液采集后应尽快在 30 分钟内稀释，精液稀释液也要提前至少 1 个小时放在 37 ℃水浴锅中预热，保证稀释液混合均匀。实验室的空调设置为 25 ℃最适宜。稀释液和原精的温差不得高于 2 ℃，否则将严重影响精液稀释后的精子活力。

（3）稀释时，将稀释液沿盛精液的杯壁缓慢加入精液中，然后轻轻摇动或用消毒玻璃棒搅拌，使之混合均匀。

（4）稀释倍数的确定。精子活力≥0.7 分的精液，每剂量精液的精子数目通常为 20 亿~60 亿个，每剂精液为 60~120 毫升。一般按每个输精剂量含 40 亿个总精子，输精量为 80 毫升确定稀释倍数。例如，某头公猪一次采精量是 200 毫升，活力为 0.8 分，密度为 2 亿个/毫升，要求每个输精剂量含 40 亿个精子，输精量为 80 毫升，则总精子数为 200 毫升×2 亿个/毫升 = 400 亿个，输精头份为 400 亿个÷40 亿个 = 10 份，加入稀释液的量为 10 份×80 毫升−200 毫升 = 600 毫升。

如果缺乏准确的密度资料，可根据下面的方法来稀释精液。精液和稀释液至少要按 1：4 的比例稀释，但最多不能超过 1：10，即如果有 100 毫升精液，其稀释后的精液容量不能超过 1 000 毫升。

（5）稀释后要求静置片刻，再进行精子活力检查，如果精子活力低于 70%，不能进行分装。

7. 精液保存

（1）精液稀释后，检查精液活力，若无明显下降，按每头份 80～90 毫升分装。贴上标签，标注采精日期、公猪号、失效期。

（2）稀释好的精液不要立即放入 17 ℃恒温箱中，要置于 22～25 ℃的室温（或用几层毛巾包好）1 小时后，再放置于 17 ℃恒温箱中。在炎热的夏季和寒冷的冬季，特别应注意本环节。

（3）保存过程中要求每 12 小时将精液缓慢轻柔地混匀 1 次，防止精子沉淀而引起死亡。

8. 输精

（1）输精时间。断奶后 3～6 天发情的经产母猪，发情出现站立反应后 6～12 小时进行第 1 次输精配种；后备母猪和断奶后 7 天以上发情的经产母猪，发情出现站立反应，就进行输精配种。

（2）将待配种母猪赶入专用配种栏，使母猪在输精时可与隔壁栏的试情公猪鼻部接触，在母猪处于安静状态下输精。用 0.1%高锰酸钾溶液清洁母猪外阴、尾根及臀部周围，用干净卫生纸擦干净母猪的外阴。

（3）将输精管以 45°角向上插入母猪阴道内，输精管进入 10 厘米左右之后，感觉到有阻力时，使输精管保持水平，继续缓慢用力插入，直到感觉输精管前端被锁定（轻轻回拉不动）。

（4）缓慢摇匀精液，用剪刀剪去精液袋管嘴，接到输精管上，使精液袋竖直向上，保持精液流动畅通，开始输精。

（5）输精过程中，尽量避免使用用力挤压的输精方法，当输精困难时，可通过抚摸母猪的乳房或外阴、压背刺激母猪等方法，使其子宫收缩产生负压，将精液吸纳；如精液仍难以输

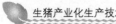

入，可能是输精管插入子宫太靠前，这时需要将输精管倒拉回一点。

（6）输精时间最少要求 3 分钟，输完一头母猪后应在防止空气进入母猪阴道的情况下，把输精管后端一小段折起，使其滞留在母猪阴道内 3~5 分钟，再将输精管慢慢拉出。

（7）每头母猪在 1 个发情期内要求至少输精 2 次，2 次输精时间间隔 12 小时左右。

第三节　早期妊娠诊断

一、早期妊娠诊断技术

随着集约化养猪业的发展，母猪早期妊娠诊断对提高母猪繁殖率和猪场的经济效益方面的作用越来越明显。对母猪妊娠作出及时而准确的判断，可以减少空怀，并对空怀的母猪进行补配，从而减少因无效饲养增加的饲料成本。

（一）超声波诊断

超声波具有频率高、波长短、声束有极好的方向性、在妊娠母体内传播过程中遇到不同声阻抗介质时会发生反射，以及遇到不同脏器时会发生多普勒效应等特性。动物妊娠的超声波诊断技术可分为超声示波诊断法、超声多普勒探查法和实时超声显像法。

1. 超声示波诊断法

超声示波诊断法即 A 型超声诊断法，是利用超声波在母体内传播过程中遇到不同声阻抗的子宫壁、羊水、胎体等介质时产生反射，其回声信号在示波器上显示出不同的波形特点来诊断动物是否妊娠。A 型超声诊断仪体积较小，如手电筒大，操作简便，几秒钟便可得出结果，适合基层猪场使用。

2. 超声多普勒探查法

超声多普勒探查法是利用超声多普勒检测仪探查妊娠动物，当发射的超声遇到母体子宫动脉、胎儿心脏和胎动时，会产生各种特征性多普勒信号音，从而进行妊娠诊断。该检测方法准确率高，妊娠 51~60 天的母猪检测准确率几乎可达 100%。

3. 实时超声显像法

实时超声显像法即 B 型超（B 超）声诊断法，是具有二维图像的断层扫描，能在活体实时影像观察早孕的子宫、胚囊、胚胎发育。该诊断方法准确率高、诊断时间早、速度快、对机体无损害，并可以用于检测胚胎数和排卵监测等。随着超声波检测技术的发展，B 超仪的体积缩小、重量减轻，因此操作更简便。

（二）激素注射诊断法

母猪妊娠后会产生功能性黄体，当注射外源性血清促性腺激素和雌激素时，功能性黄体分泌的孕酮会抵消其产生的生理反应，使母猪不表现为发情。

1. 外源性血清促性腺激素法

对配种后 14~26 天母猪注射外源性血清促性腺激素制剂，观察 5 天后母猪的发情表现，进行早期妊娠诊断。该方法简便、诊断时间早、成本低、安全，并具有妊娠诊断与促进未孕母猪发情的双重效果。

2. 己烯雌酚法

对配种后 16~18 天的母猪，肌内注射己烯雌酚 1 毫升或 0.5% 丙酸己烯雌酚和丙酸睾酮各 0.2 毫升的混合液，如注射后 2~3 天无发情表现，说明已经妊娠。该方法对妊娠期、产仔数及死胎率无明显影响。

3. 其他外源性激素诊断法

对配种后 18~22 天的母猪，肌内注射戊酸雌二醇 2 毫克和

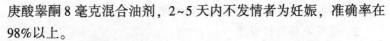

庚酸睾酮 8 毫克混合油剂，2~5 天内不发情者为妊娠，准确率在
98%以上。

（三）血浆孕酮测定法

未妊娠的母猪没有形成功能性的黄体，在下一发情周期会表
现发情。在发情期的第 16 天左右外周血浆中孕酮浓度会下降。
因此，可在配种后 16~24 天根据母猪外周血浆中孕酮浓度进行
诊断。猪妊娠 22 天时孕酮含量一般在 5 毫克/毫升以上。

（四）血浆中硫酸雌酮浓度检测法

妊娠母猪血浆中硫酸雌酮前体物来自胚胎，在妊娠早期达到
可测水平。在配种后 25~30 天妊娠母猪与未妊娠母猪血浆中硫
酸雌酮含量水平存在显著的差别，以 0.5 纳克/毫升为界线作为
判断妊娠与否的标准，妊娠母猪血浆中硫酸雌酮水平和胎儿个数
成正相关。

（五）尿液检测法

1. 尿液碘化检测法

在配种后 10 天，取母猪清晨的尿液 10 毫升放入玻璃杯中。
加入 1 毫升 5%~7%碘酊，煮沸后如尿液自上而下出现红色，说
明母猪已经妊娠。

2. 尿中雌激素诊断法

取母猪尿液 15 毫升，加入浓硫酸 3 毫升，然后加热到
100 ℃，5 分钟后冷却至室温，加入 15 毫升苯，振荡以后，把上
层液体倒掉，分出雌激素层，然后加入浓硫酸 10 毫升，加热到
80 ℃，25 分钟以后观察，出现豆绿色荧光者为妊娠。

（六）血小板计数法

母猪配种后第 1 天血小板数会降低，到第 7 天降到最低点，
第 11 天回到正常水平，而未孕的母猪无此变化。此方法容易受
到其他可能导致血小板数减少的疾病的影响。因此，检测前应排

除这类干扰。

（七）检查阴道黏液法

取配种后 10 天的母猪阴道黏液少许，放入试管中加适量蒸馏水摇匀，加热 1 分钟，如黏液呈云雾状，碎絮物悬浮于同质透明液中，说明母猪已妊娠。现在有一种排卵测定仪，在配种后 21 天左右可以通过检测动物阴道黏液的电阻变化检测动物是否发情，从而判断母猪是否妊娠。该仪器使用方便，只要把试管插入动物阴道读取数值即可。

（八）早孕因子检测法

早孕因子是目前最早确认妊娠的生化标志之一，对妊娠母体具有很高的特异性，母猪受精后 24 小时可在血清中检测到早孕因子活性，且在猪体内几乎持续整个孕期。一旦妊娠终止，血清中早孕因子立即消失。因此早孕因子对母猪早期和超早期妊娠诊断有着重大的意义。现在检测早孕因子活性的经典方法是玫瑰花环抑制试验。

（九）阴道活组织检验法

阴道活组织检验法是通过刮取阴道前部的上皮细胞作组织切片，观察受孕酮影响的上皮细胞排列情况进行妊娠诊断。此法对配种后 18~25 天的母猪进行诊断，准确率可达 95%。

（十）外表观察法

母猪配种后如果妊娠会有一系列的外部表现，可以作为判断母猪妊娠的一种办法。一般妊娠母猪表现为性情温顺，食欲渐增，膘情好转，皮毛变得光亮紧凑，外阴下联合处逐渐收缩紧闭、明显地向上翘，阴道颜色由潮红色变为白色，并附有浓稠黏液、触之干涩而不润滑，配种后 21 天左右用手按压腰部不下塌反而上弓，也没有发情表现。

（十一）公猪试情法

配种后 8~14 天，用性欲旺盛的成年公猪试情，若母猪拒绝公猪接近,并在公猪 2 次试情后 3~4 天始终不发情,可初步确定为妊娠。

除上述方法外,早期妊娠诊断技术还有掐压腰背部法、直肠检查法等,应用时应根据实际情况选择合适的方法,从而提高母猪的繁殖率和猪场的经济效益。

二、推算预产期

在养猪生产过程中,母猪配种受孕后,要准确推算猪的预产期。由于某些原因,部分养猪户往往对母猪预产期推算不准,进而导致母猪临产期的饲养管理错位,造成不必要的经济损失。为避免这种情况发生,养殖人员可以采用计算法推算母猪预产期。只要记准最后一次配种日期,就可快速地知道母猪的预产期,以便采取相应的饲养管理措施。

母猪妊娠期一般为 114 天,受品种、年龄、气候、营养状况和饲养管理等因素的影响,预产期可能会提前或延后,但误差不会太大。母猪配种怀孕后,要准确推算预产期,贴在墙上或日历上,提示饲养员加强饲养管理,随时准备接产、助产,可有效地提高母猪产仔成活率。

推算孕猪预产期方法有两种:一是配种日期加 3 个月、3 周和 3 天,简称"三三三",如 1 头母猪 4 月 20 日配种怀孕,则 4+3(月)=7(月),20+3(周)×7(天)+3(天)=44(天),30 天计作一个月,故预产期为 8 月 14 日;二是配种怀孕日期的月加 4,日减 6,如上例,怀孕 4+4=8(月),20−6=14(日),故预产期还是 8 月 14 日。

第五章　猪的营养与饲料

第一节　猪的常用饲料

按营养特性分，猪的常用饲料主要分为能量饲料、蛋白质饲料、青饲料、矿物质饲料和饲料添加剂等。

一、能量饲料

能量饲料包括饲料干物质中粗纤维含量低于18%、蛋白质含量低于20%、可消化养分丰富的饲料，如禾谷类籽实及其加工副产品，一般称为精饲料。根、茎、瓜类为含水量高的能量饲料。

（一）禾谷类籽实

禾谷类籽实是猪的主要能量饲料，这类饲料的含水量为13%~15%，干物质中主要是淀粉，占70%以上，粗蛋白质含量约10%，粗纤维少，适口性好。

1. 玉米

玉米是产量高、品质好、来源广的能量饲料。它的能量高，适口性好，是主要的能量饲料来源。但玉米的粗蛋白质含量低，必需氨基酸不平衡，赖氨酸、蛋氨酸、色氨酸含量低。

玉米胚占籽实的比例相对较大，因而脂肪含量也较高，且多含不饱和脂肪酸，因此，其粉碎后易受氧化而酸败变质。

新收获的玉米含水量很高，一般均在20%以上，如不及时晾

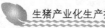

晒或烘干，极易发霉变质，特别是当侵染黄曲霉菌后所产生的黄曲霉毒素是一种强的致癌性毒素，应引起高度重视。

2. 高粱

高粱的有效能值比玉米稍低，营养特性与玉米相似。但高粱中含有单宁，适口性较差，在日粮中的比例不应超过 15%，比例过大容易引起便秘。

3. 大麦

大麦是重要的能量饲料，其消化能比玉米稍低，粗蛋白质含量比玉米稍高，为 10%～12%，必需氨基酸优于玉米，粗脂肪含量低。大麦用来喂猪可以使猪的胴体品质好。

(二) 粮食加工副产品

禾谷类的稻谷和小麦是人类的主食，其加工副产品稻糠和麸皮，是猪重要的能量饲料。

1. 稻糠

稻糠是稻谷脱壳后磨制精米的副产物，由种皮、糊粉层及部分胚乳组成，制米加工越精细，则稻糠中含胚乳的比例越大，其能值也越高。稻糠中的脂肪含量高，容易氧化酸败，不宜久储。饲喂量应控制在 30% 以下，肉猪宜控制在 15% 以下，仔猪和哺乳母猪也不宜多喂。饲喂量大时会引起腹泻。

稻米加工过程中生产的统糠是由稻壳粉（砻糠）和少量米糠混合而成的，常见的有"二八糠"和"三七糠"，即米糠与稻壳粉的比例为 2∶8 或 3∶7。由此可见，统糠中稻壳粉所占的比例很大，故其营养价值很低。按统糠的有效能值和饲用价值，统糠应属于粗饲料，即使磨制得再细，也不宜多喂。

2. 麸皮

麸皮是小麦加工成面粉时的副产品，由于加工程度的不同，有粗麸和细麸之分。麸皮包括种皮、糊粉层和少量胚及胚乳。粗麸中种皮比例高，粗纤维含量也高；细麸中胚及胚乳的比例增加，营养价值也高。

麸皮的蛋白质含量比玉米高，粗纤维含量较高，在日粮中所占的比例不宜过大。麸皮质地蓬松，具有轻泻性，对于妊娠母猪和产后初期母猪可用作主要精饲料，容易消化并可防止便秘，但对于幼猪应控制喂量。

（三）根、茎、瓜类

猪常用的根、茎、瓜类饲料有胡萝卜、甜菜、马铃薯、南瓜等。按干物质计算，这类饲料的淀粉和糖的含量很高，故归入能量饲料。

根、茎、瓜类饲料的营养特性是含水量高达70%～90%，干物质中主要为淀粉和糖，粗蛋白质含量仅为5%～10%，除胡萝卜、南瓜富含胡萝卜素外，根、茎、瓜类饲料都缺乏维生素，矿物质含量也很少。

用根、茎、瓜类饲料喂猪时，喂前要清洗，切除霉烂部分，切碎后可单独饲喂，也可与精饲料混合后饲喂。马铃薯煮熟后饲喂，可提高适口性和消化率，发芽的马铃薯由于含有有毒物质（龙葵素），不可直接喂猪，应去芽煮熟后饲喂。

甜菜含硝酸盐，煮后如果缓慢冷却还原为亚硝酸盐，易引起中毒。

根、茎、瓜类饲料应在完全成熟后收获，冬季窖贮前应摊于地面使表皮水分尽量蒸发，以免在储藏过程中霉烂，已被铲破或切伤的不宜储藏。萝卜类储藏前应切除顶端的茎叶，以免在储藏过程中发芽。冰冻的根、茎、瓜类饲料不能直接饲喂，应化冻后利用。

二、蛋白质饲料

饲料干物质中粗蛋白质含量超过20%，粗纤维含量低于18%

的饲料归为蛋白质饲料。能量饲料虽也含有一定量的蛋白质，但蛋白质的含量远不能满足猪的营养需要。因此，在猪的日粮中，应以能量饲料为基础，再补充适量的蛋白质饲料。蛋白质饲料包括植物性蛋白质饲料，如豆类籽实、饼粕类，以及动物性蛋白质饲料，如鱼粉、肉粉等。

（一）豆类籽实

豆类籽实中直接用作饲料的有黑豆和秣食豆。而大豆等豆类籽实多用于提取食用油，一般是用它们的加工副产物饼粕作为饲料。

豆类籽实含有多种抗营养因子，饲喂前应经过热处理，使其中的抗营养因子失活，方可进行利用。豆类籽实应经压扁和粉碎，以提高其消化率。

（二）饼粕类

饼粕是油料作物籽实经榨油后的副产品，分为饼和粕两类。饼是压榨法制油的副产品，粕是浸油法制油的副产品。

大豆饼粕的粗蛋白质含量为42%～46%，必需氨基酸的组成比例相当好，尤其是赖氨酸含量是饼粕类饲料中含量最高的，异亮氨酸、色氨酸、苏氨酸的含量也特别高。

大豆饼粕的原料是生大豆，它含有多种抗营养因子，在脱油过程中，如果加热适当，这些抗营养因子可受到不同程度的破坏；如果加热不足，就会影响大豆饼粕的营养价值，使蛋白质的利用率降低。

葵花籽饼一般带壳，含有效能较低，蛋白质含量在28%～32%，赖氨酸含量较低，但蛋氨酸含量较高。

（三）鱼粉

各类鱼粉因原料和加工条件不同，各种营养素的含量差异很大。我国广泛使用的鱼粉，包括进口鱼粉和国产鱼粉，是指以全鱼作为原料制成的鱼粉。鱼粉的蛋白质含量可高达 55%～70%，赖氨酸含量高，这与大多饲料的氨基酸组成正好相反，故使用鱼粉配制的日粮，在蛋白质水平满足要求时，氨基酸组成也容易平衡。鱼粉的钙、磷含量较高，并且所有的磷都是有效磷。鱼粉中还含有未知促生长因子，可以促进动物的生长。

目前，商品鱼粉中常存在掺假、盐量过高、发霉变质等问题，购买或使用时应注意辨别。

（四）肉粉和肉骨粉

肉粉是屠宰场或肉制品加工厂的肉屑、碎肉等经处理后制成的蛋白质饲料。如将骨、肉混在一起加工，则叫肉骨粉。肉粉与肉骨粉的粗蛋白质含量因肉骨比例而异，一般为 30%～40%，氨基酸组成较好，钙、磷含量较高，比例适当。

我国多将动物的头、蹄、内脏等烹制后作为人的食物，因而制作肉骨粉和肉粉的原料不足，故生产的肉粉、肉骨粉也很少。

三、青饲料

青饲料的种类很多，包括天然牧草、栽培牧草、叶芽类饲料、作物茎叶和水生饲料等。这类饲料具有来源广、成本低、采集方便、适口性好和养分比较全面的特点。青饲料含水量高，一般为 60%～85%，其中水生饲料可高达 90%～95%。青饲料中粗蛋白质含量占干物质的 10%～20%，禾本科青饲料赖氨酸含量不足，豆科青饲料赖氨酸含量较高，而含硫氨基酸（蛋氨酸和半胱氨酸）含量不足。因此，单独使用青饲料喂猪无法满足猪的营养需要。

青饲料必须及时刈割，才能获得较高的饲用价值，因为青饲料所含的营养物质及其利用率随生长阶段的不同而不同。收割过早，虽幼嫩多汁、适口性好，但含水量高、有机物含量少、产量

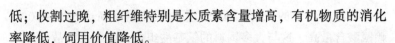

低；收割过晚，粗纤维特别是木质素含量增高，有机物质的消化率降低，饲用价值降低。

青饲料如果堆放过久，或煮后长期放在锅里，不搅拌或搅拌不匀，可使青饲料中的硝酸盐还原成亚硝酸盐，猪采食后易引起中毒。被农药污染的青饲料不能用来喂猪。水生饲料容易污染寄生虫，喂时应注意驱虫。

四、矿物质饲料

能量饲料和蛋白质饲料中都含有一定量的矿物质元素，但不能完全满足猪只的需要，不足的部分需用矿物质饲料补充。常用的矿物质饲料有以下 3 种。

（一）钙源饲料

常用的钙源饲料有石粉、贝壳粉等。石粉的基本化学成分是碳酸钙，钙含量为 34%～38%。使用时应注意含镁量不大于 0.5%。

贝壳粉是另一大宗钙源饲料，贝壳粉的主要成分也是碳酸钙，含钙量与石粉相似。贝壳粉内常会夹杂砂砾、泥土，有时还带有少量有机质，使用时应注意。

（二）磷源和磷、钙源饲料

只提供磷源的矿物质饲料不多。磷酸氢钙、骨粉既提供磷，也提供钙。

磷酸氢钙是最常用的磷、钙源饲料，它的可溶性好，钙、磷容易被动物吸收，含磷 16%～18%，含钙 23%。饲料级的磷酸氢钙含氟量不应超过 0.2%。磷酸二氢钙、过磷酸钙也是含磷、钙丰富的磷、钙源饲料，必须经过脱氟处理方可使用。

骨粉也是同时提供磷和钙的矿物质饲料，钙磷比例平衡。优质骨粉必须经过洗骨、灭菌、破碎、热压、脱脂脱胶、干燥等工序加工制成。劣质骨粉有异味、含有大量致病菌，不可使用。

（三）食盐

食盐的成分是氯化钠。植物性饲料中含钠和氯都很少，故需以食盐的形式补充。食盐中含氯60%，含钠40%。猪日粮中食盐的添加量应在0.3%左右，喂量过多会引起中毒。

五、饲料添加剂

添加剂是指那些在常用饲料之外，为某种特殊目的而加入配合饲料中的少量或微量物质。从广义上讲，饲料添加剂可分为营养性饲料添加剂和非营养性饲料添加剂。前者包括维生素、微量元素和必需氨基酸等添加剂，主要起到补充、平衡日粮的营养成分，提高饲料利用价值的作用；后者包括生长促进剂、抗氧化剂、防霉剂、调味剂、着色剂、黏合剂等，主要作用是保证或改善饲料品质、保障饲养动物健康、提高动物生产性能等。

第二节　饲料原料安全控制

饲料原料种类繁多，市场上原料掺假事例屡见不鲜，掺假造假的手段、方法越来越高明，饲料生产企业和养殖户对此防不胜防，给饲料质量和畜禽及水产品安全带来很大的隐患。《饲料和饲料添加剂管理条例》的实施，进一步提高了饲料原料的使用要求和规范。要保证饲料的安全性，首先要保证饲料原料的质量安全。

一、原料采购及检测

饲料原料的采购直接关系到饲料企业的生产成本及产品质

量。因此，在采购时应对产地生态情况及原料加工设备等进行充分了解。原料检测主要分为凭经验进行的感官鉴定和实验室定量检测。

(一) 感官鉴定

(1) 闻。特定的饲料原料都有其特有的芳香气味，如有异味、怪味、霉变味或无味 (掺假可掩盖芳香味) 就说明饲料为假劣原料。

(2) 摸。因为人体带有生物电，可用手反复插入饲料原料中，再抽出抖落，如果细小物质不易抖落，就说明有假。

(3) 看。①色泽是否一致。特定的饲料原料具有其固有的光泽，如果同一批原料中有颜色不同和光泽度不一样的物质就说明有假。②粒度是否整齐。看较细小粒度的原料中是否有一定数量的较整齐的细小颗粒或超细物质存在，如果有可将其和特定的原料作对比。

(4) 尝。特定的原料都有固定的味道，如甜、酸、涩、苦、香等，特别是石粉、沸石、砂石等有其特殊味道。

(二) 实验室定量检测

(1) 常规养分检测。主要包括粗蛋白质、粗脂肪、粗纤维、粗灰分及水分等的检测。

(2) 氨基酸、微量元素及安全指标检测。主要包括饲料原料各种氨基酸含量，铁、铜、锰、锌、镁等微量元素以及重金属、霉菌毒素等含量的检测。

二、仓库管理

(一) 仓库要达到标准

仓库要求能通风、防雨、防潮、防虫、防鼠及防腐等，存放微量元素、维生素、药品添加剂等原料的库房还要求防高温、避光。每日工作完毕后要对各个仓库进行清扫、整理和检查，发现问题及时处理，不留质量隐患，定期对原料储藏场所进行消毒。坚持先进先出原则。

（二）控制湿度

控制饲料中水分和储藏环境的相对湿度，是安全储藏、保证饲料质量的重要措施。谷物收获后要迅速使其含水量在短时间内降到安全水分范围内，控制霉菌繁殖。生产中，不同饲料原料和不同地区的安全水分范围是不同的，一般谷物含水量在 13% 以下，对超越安全水分范围的饲料，原则上应拒绝入库，如要入库必须进行烘干、晾晒处理。

（三）控制温度

为了能有效地控制霉菌繁殖和产毒，应将环境温度控制在 12 ℃以下，以便于妥善保存。

（四）防止虫咬、鼠害

利用机械及化学防治等方法处理粮仓害虫，并注意防鼠，因为虫害或鼠咬会损伤粮粒，使霉菌易于繁殖而引起饲料霉变。

（五）应用防霉剂

经过加工的饲料原料与配合饲料极易发霉，故在加工时可用防霉剂控制霉变。常用防霉剂为有机酸及其盐类。

（六）破坏或去除毒素

如果饲料原料被霉菌毒素污染后，应设法将毒素破坏或去除，方法一般如下。

1. 剔除霉粒

将霉粒挑选出去，可使毒素含量大为降低。

2. 加热法

对于饼粕类原料，在 150 ℃温度下焙烤 30 分钟，或用微波加热 8~9 分钟，可破坏 48%~61% 的黄曲霉毒素 B_1 和 32%~40%

的黄曲霉毒素 C_1。

3. 水洗法

用清水反复浸泡漂洗，可除去水溶性毒素。

4. 吸附法

白陶土、活性炭等吸附剂能吸附霉菌毒素。

第三节　猪饲料的配制

一、配合饲料

配合饲料是由饲料工厂按照科学配方生产出来的饲料产品，种类较多，按营养和用途的特点主要分为添加剂预混饲料、浓缩饲料、全价配合饲料和混合饲料，这是配合饲料产品的基本类型。添加剂预混饲料，是指用一种或多种微量添加剂，加上一定量载体或稀释剂经混合而成的均匀混合物；浓缩饲料是为平衡配合饲料，用蛋白质饲料、矿物质加上添加剂预混饲料混合而成的；全价配合饲料，是浓缩饲料加上能量饲料，其中包括饲料添加剂加载体或稀释剂的添加剂预混饲料，蛋白质和矿物质的浓缩饲料和能量饲料；混合饲料是初级配合饲料。

（一）添加剂预混饲料

添加剂预混合饲料主要由常量矿物元素、微量矿物元素、多种维生素、氨基酸、促生长剂、抗氧化剂、防霉剂、着色剂、部分蛋白质饲料与载体均匀混合而成，是配合饲料的中间型产品，可供生产全价配合饲料及浓缩饲料使用，也可单独出售，但不能直接喂猪。在配合饲料中添加量一般为 1%~5%，用量很少，但作用很大，具有补充营养、促进动物生长、防治疾病、改善动物产品质量等作用。添加剂预混饲料主要供给饲料厂使用，也可供给有条件的养猪场生产全价配合饲料或浓缩饲料。此外，添加剂预混饲料按活性成分组成种类进行分类，可分为高浓度单项预混料、微量矿物质元素预混料、维生素预混合饲料、复合预混料等，可根据猪的不同生理阶段需要科学选择。

（二）浓缩饲料

浓缩饲料由蛋白质饲料、矿物质饲料（钙、磷和食盐）和添加剂预混饲料按配方要求均匀混合而成。

具体来说，浓缩饲料含有下列物质：矿物质，包括骨粉、石粉或贝壳粉；微量元素，包括硫酸铜、硫酸锰、硫酸锌、硫酸亚铁、碘化钾等；氨基酸；抗氧化剂；蛋白质饲料；多种维生素等。它是按照使猪生长快、发育良好、肉质好、营养价值高所需的营养标准进行计算，采用现代化的加工设备，将以上原料充分混合而制成的饲料。这种浓缩饲料也是饲料加工的半成品，不能直接用于喂猪。浓缩饲料一般占全价配合饲料的 10%~30%，营养成分浓度很高。

养殖户可用玉米等能量饲料掺入浓缩饲料制成全价配合饲料，从而降低饲料成本，提高养殖业效益。浓缩饲料的特点在于准确供给蛋白质、维生素、微量元素、氨基酸等核心营养素，用户可根据自己养殖特点调整合适的配方，并不需要再添加其他添加剂，能满足猪对各种营养的需要。此外，饲料生产厂家可根据市场需要，生产出占全价配合饲料 5%~50% 的浓缩饲料。这种浓缩饲料可根据全价配合饲料营养需要，养猪户自行加入部分蛋白质饲料或能量饲料。

（三）全价配合饲料

猪的全价配合饲料，是按照猪的营养需要和饲养标准，由能量饲料和浓缩饲料按配方要求配比均匀混合而成的，是能够满足猪营养需要的营养全价平衡日粮，可以直接用于喂猪。全价配合饲料的特点是具有营养价值的全面性和营养的合理性，以及饲料的配合性和适口性。因此，猪在饲喂和采食全价配合饲料时，必将充分发挥其生长潜力，加快生长速度，降低饲料消耗，降低饲养成本，获取更大经济收益。

在全价配合饲料中，能量饲料所占比例最大，占总量的 60%~70%；蛋白质饲料占 20%~30%；矿物质中钙、磷、食盐和微量元素营养物质，占 5% 以下；氨基酸、维生素及非营养物质添加剂，一般不超过总量的 0.5%。

（四）混合饲料

混合饲料由能量饲料、蛋白质饲料、矿物质饲料经过简单加工混合而成，为初级配合饲料，主要考虑能量、蛋白质、钙、磷等营养指标，在许多农村地区常见。混合饲料可用于直接饲喂猪，效果高于一般饲料，用混合饲料饲喂的猪生长速度快，但易生病，抵抗能力差。

这种饲料能满足猪对能量、蛋白质、钙、磷、食盐等营养物质的需要；但未添加营养性和非营养性物质，如合成氨基酸、微量元素、维生素、抗氧化剂、驱虫保健剂等。这种饲料营养不全面，必须再搭配一定比例的青粗饲料或添加剂饲料，才能满足猪全面营养的需要。因此，科学配制营养全面的饲料，发挥饲料原料营养潜力，方可获得更大的经济效益。

二、配合饲料类型

猪的配合饲料按形态可分为粉料、颗粒料和液体料 3 种类型。

（一）粉料

粉料是在饲料生产中应用最多的一种饲料形态。添加剂预混饲料和浓缩饲料必须是粉料，利于和其他饲料均匀混合；全价配合饲料既可以是粉料，也可以是颗粒料和液体料。饲料厂家生产的全价配合饲料大多数为粉料，只有仔猪和生长育肥猪饲喂颗粒料。

（二）颗粒料

颗粒料是在粉料的基础上加水或用黏合剂把粉料制作成颗粒状态。颗粒饲料营养分布均匀，营养全面，颗粒稳定性强。在饲喂时只能干喂，不能加水，否则失去颗粒的作用。颗粒料的优点是易消化吸收，猪生长速度快，省工、省力、省时等；缺点是饲料成本高于粉料。

（三）液体料

液体料又称稀饲料，是用粉料加一定量的水，调和成均匀糊状。一般每1份粉料应配3份水，或者干物质浓度为25%即可。也可在料中加些蔬菜或野菜，增加多种维生素的同时，提高营养成分。实践表明，虽然强烈推荐断奶后第1周的仔猪使用干物质浓度为25%的液体料，以确保足够的养分吸收，但即便干物质浓度为15%，猪也可以有效地利用液体料而不会有任何性能损失。液体料的优点是省料，降低饲养成本，延长饲养周期，提高猪肉品质，增加经济效益；缺点是延长了饲养周期。养猪户应根据实际需要进行选择。

三、饲料配制原则

饲料配方的设计涉及许多制约因素，为了对各种资源进行最佳分配，配方设计应基本遵循以下原则。

（一）科学性原则

科学性是指饲料营养全面且平衡，并符合猪的生理特点。猪因其品种、性别、生长阶段、饲养环境和生产目的的不同，对营养物质的需求也不同。例如，后备猪对能量的需求低于哺乳期母猪；种公猪参与配种，其精液形成需要大量的蛋白质，因此种公猪对蛋白质的需求较高；幼龄猪处于生长发育期，对蛋白质和维生素的需求高于成年猪。我国猪饲养标准规定了不同生产目的、不同生产阶段猪对营养的需求，应根据相应的猪饲养标准、饲料营养成分，以及营养价值表来配制饲料。此外，需要特别注意的是，饲养标准虽然是制定猪饲料配方的重要依据，但任一条件的改变都可能引起猪对营养需要量的改变，根据变化的条件，随时调整饲养标准中营养物质的含量是非常必要的。在营养平衡方面，尤其要注意必需氨基酸之间的平衡、齐全。

（二）经济性原则

在养猪生产成本中，饲料费用占很大比例，高达 70% 左右。所以，在配制饲料时，应尽量采用本地区生产的饲料原料，选择来源广泛、价格低廉、营养丰富的饲料原料，以最大限度地降低饲料成本。如用棉籽饼粕、菜籽饼粕、花生饼粕等部分替代豆粕；用肉骨粉部分替代鱼粉；用大麦、小麦、酒糟、糠麸等部分替代玉米；也可添加一定量的青绿饲料、优质牧草等，降低饲养成本。

（三）适口性原则

猪实际摄入的养分，不仅取决于配合饲料的养分浓度，还取决于采食量。判断一种饲料是否优良的一项重要指标就是适口性。如带苦味的菜籽饼或带涩味的高粱用得太多，饲料的适口性变差，从而影响猪的食欲，采食量降低，使仔猪的开食时间推迟，影响仔猪成活率。所以，在原料选择和搭配时应特别注意饲料的适口性。适口性好，可刺激食欲，增加采食量；适口性差，可抑制食欲，降低采食量，降低生产性能。

（四）安全性与合法性原则

按配方设计出的产品应严格符合国家法律法规及条例，如营养指标、感官指标、卫生指标、包装等。违禁药物及对动物和人体有害物质的使用或含量应强制性遵照国家规定。饲料是人类食物链上的一个重要环节，可以认为是人类的间接食品，因此，饲料的安全性对人类的健康具有重要意义。人类常见的癌症、抗药性和某些中毒现象等可能与饲料中的抗生素、激素、重金属等的残留有关。所以，在选择饲料原料时，应防止或限制采用发霉变质、有毒性的饲料。例如，花生饼易产生黄曲霉毒素；菜籽饼中含有芥子酸；棉籽饼中含有棉酚，有毒性的饼类饲料不宜在配合饲料中占较高比例，要求先去毒后使用。没有经过脱毒的饲料原料，应该限制其使用量；微量元素、食盐和添加剂预混饲料中的预防性药物必须按比例在配料时搅拌均匀，防止中毒。

在进行饲料配方设计时应正确掌握饲料原料和饲料添加剂的使用方法。尽量减少不必要的药物添加剂的使用，不要使用激素和其他违法违禁药物等，以确保饲料的安全。

（五）体积适中原则

配制饲料时，除了满足各种营养物质的需求外，还要注意饲料干物质的供给量，使饲料保持合适的体积。猪是单胃动物，胃容积相对小，对饲料的容纳能力有限，配制的饲料既要使猪吃饱，又要吃得下。因此，要注意控制粗饲料的用量和粗纤维的含量，通常幼猪饲料粗纤维含量应控制在 4% 以下，中等生长猪饲料粗纤维含量不超过 6%，生长育肥猪不超过 8%，妊娠母猪、哺乳母猪、种公猪和后备猪不超过 12%。

四、饲料配制方法

配制饲料配合时要规划计算各种饲料原料的用量比例。设计配方时采用的计算方法，有手工计算法和计算机规划法两种方法。手工计算法包括交叉法、方程组法、试差法，可以借助计算器计算；计算机规划法，主要是根据有关数学模型编制专门程序软件，进行饲料配方的优化设计，涉及的数学模型主要包括线性规划、多目标规划、模糊规划、概率模型、灵敏度分析、多配方技术等。下面重点介绍较为常用的交叉法。

交叉法又称四角法、方形法、对角线法或图解法。在饲料种类不多及营养指标少的情况下，采用此法较为简便。在饲料种类多及营养指标多的情况下，亦可采用本法。但计算时要反复进行两两组合，比较麻烦，而且不能使配合饲料同时满足多项营养指标。

（一）两种饲料配合

例如，用玉米、豆粕为主给体重 35 ~ 60 千克的生长育肥猪配制饲料。步骤如下。

第一步，查饲养标准或根据实际经验及质量要求制定营养需要量，35 ~ 60 千克生长肉猪要求饲料的粗蛋白质含量一般为14%。经取样分析或查饲料营养成分表，设玉米的粗蛋白质含量为 8%，豆粕的粗蛋白质含量为 45%。

第二步，作十字交叉图（图 5-1），把混合饲料所需要达到的粗蛋白质含量 14% 放在交叉处，玉米和豆粕的粗蛋白质含量分别放在左上角和左下角；然后以左方上、下角为出发点，各向对角通过中心作交叉，大数减小数，所得的数分别记在右上角和右下角。

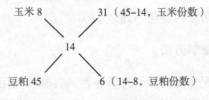

图 5-1　十字交叉图

第三步，上面所计算的各差数，分别除以这两个差数的和，即为两种饲料混合的百分比。

玉米应占比例 = 31÷37×100% = 83.78%

检验：8%×83.78% = 6.7%

豆粕应占比例 = 6÷37×100% = 16.22%

检验：45%×16.22% = 7.3%

6.7%+7.3% = 14%，因此，35～60 千克体重生长猪的混合饲料，由 83.78% 玉米与 16.22% 豆粕组成。

（二）两种以上饲料组分的配合

例如，要用玉米、高粱、麸皮、豆粕、棉籽粕、菜籽粕和矿物质饲料为体重 35～60 千克的生长育肥猪配成粗蛋白质含量为 14% 的混合饲料。则需先根据经验和养分含量把以上饲料分成比例已定好的 3 组饲料。即混合能量饲料、混合蛋白质饲料和矿物质饲料。把混合能量饲料和混合蛋白质饲料当作两种饲料作交叉配合。方法如下。

第一步，先明确玉米、高粱、麸皮、豆粕、棉籽粕、菜籽粕和矿物质饲料的粗蛋白质含量，一般玉米为 8.0%、高粱为 8.5%、麸皮为 13.5%、豆粕为 45.0%、棉籽粕为 41.5%、菜籽粕为 36.5%、矿物质饲料为 0。

第二步，将能量饲料类和蛋白质类饲料分别组合，按类分别算出能量饲料组和蛋白质饲料组粗蛋白质的平均含量。设能量饲料组由 60% 玉米、20% 高粱、20% 麸皮组成，蛋白质饲料组由 70% 豆粕、20% 棉籽粕、10% 菜籽粕构成。

能量饲料组的蛋白质含量为：60%×8.0% + 20%×8.5% + 20%×13.5% = 9.2%

蛋白质饲料组蛋白质含量为：70%×45.0% + 20%×41.5% + 10%×36.5% = 43.45%

矿物质饲料，一般占混合饲料的2%，其成分为骨粉和食盐。按饲养标准食盐宜占混合饲料的0.3%，则食盐在矿物质饲料中应占15%［即（0.3÷2）×100%］，骨粉则占85%。

第三步，算出未加矿物质饲料前混合饲料中粗蛋白质的应有含量。因为，配好的混合饲料再掺入矿物质饲料，等于变稀，其中粗蛋白质含量就不足14%了。所以要先将矿物质饲料用量从总量中扣除，以便按2%添加后混合饲料的粗蛋白质含量仍为14%。即未加矿物质饲料前混合饲料的总量为100%−2%＝98%，那么，未加矿物质饲料前混合饲料的粗蛋白质含量应为：14÷98×100%＝14.3%。

第四步，将混合能量饲料和混合蛋白质饲料当作两种饲料，作十字交叉（图5-2）。

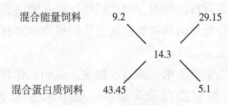

图5-2 两种饲料交叉

混合能量饲料应占比例＝29.15÷34.25×100%＝85.11%

混合蛋白质饲料应占比例＝5.1÷34.25×100%＝14.89%

第五步，计算出混合饲料中各成分应占的比例。即：玉米应占60%×85.11%×98%＝50.0%，以此类推，高粱占16.7%、麸皮16.7%、豆粕10.2%、棉籽粕2.9%、菜籽粕1.5%、骨粉1.7%、食盐0.3%，合计100%。

第六章 猪的饲养管理技术

第一节 公猪的饲养管理

饲养公猪的主要目的是与母猪配种，以期获得数量最多的优质仔猪，为生猪生产提供仔猪来源。为了提高公猪的精液品质和数量，采取综合饲养技术措施，养殖人员必须了解和掌握公猪的生产特点。

一、公猪繁殖特点

（一）射精量较大

公猪与母猪交配一次射精量可高达 500 毫升以上，其中液体部分占总量的 80%，胶状物占 20%。

（二）交配时间较长

公猪交配时间一般为 5~10 分钟，长的多达 20 分钟。公猪一次射精过程可分成 3 段，各期的精液浓度不同，第 1 段射精持续时间为 1~5 分钟，射精量占总量的 5%~20%，精液里含有少量的尿液，带有微量尿色，含精子很少；第 2 段射精持续时间为 2~5 分钟，射精量占总量的 30%~50%，精液颜色为乳白色，含有大量的精子和胶状物，此段精液品质最好；第三段射精时间为 3~8 分钟，射精量占总量的 40%~60%，精液稀薄，精子数量少，但胶状物含量较多。公猪交配时间长，射精量多，体力消耗

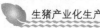

大，因此要求公猪后肢坚实有力，腹部不能下垂；公猪喂料应少而精、营养全面。

（三）性情凶猛好斗

当公猪嗅到母猪气味时，表现焦躁不安；当公猪交配高潮时驱赶其与母猪分开，公猪表现反抗，甚至冲撞或咬人；群体公猪常会相互爬跨，有时阴茎磨损出血，有的公猪养成自淫行为，偶尔公猪相互打斗，严重者致伤、致残，甚至致死。

（四）影响公猪射精量的外界因素

影响公猪射精量的因素很多，除了品种、年龄因素外，还有饲养条件因素，如蛋白质、维生素、矿物质不足，运动量小，配种频率超负荷使用等因素，均会造成射精量减少、精子活力差、精子畸形等现象。

（五）公猪精液的化学组成

精液中水分含量约占97%，粗蛋白质占1.2%~2.0%，脂肪占0.2%，灰分约占0.9%。其中粗蛋白质约占干物质的60%以上。因此，公猪的饲料中需要丰富的营养物质。

二、公猪的科学饲养

依据公猪的体重、年龄、品种特点和配种利用程度，制定出饲养标准和饲料配方，实施定量饲喂，满足其营养需要。

（一）公猪的营养需要

依据公猪的饲养标准，制定出不同体重、年龄和配种利用程度的公猪日粮配方，以满足各种类型公猪的营养需要。

（二）公猪的饲料配制

按照公猪饲养标准要求，饲料应营养全面、适口性好；为避免公猪腹部下垂，饲料容积相对要小，即少而精，此外还要考虑尽量减少饲料成本。

（三）饲喂方式

公猪饲料品质优良、营养全面，必须配有良好的饲喂方法，才能达到理想的效果。喂公猪切忌饲喂液体料，否则腹部下垂，严重影响公猪的利用率。饲喂公猪应坚持限量饲喂，控制生长，尤其是成年公猪，一般应控制体重在 150~200 千克为宜。

一般情况下公猪每天可饲喂 2 次，分上午 8 点和下午 4 点进行。饲喂的数量要与公猪的具体膘情相结合，切实做到看膘投料，保证公猪正常体况。在配种期间可以每天适当加喂配合饲料 0.5 千克，对过于肥胖的个体应适当少喂，瘦弱的个体适当多喂。每年 11 月到翌年 3 月由于天气寒冷，特别是在简陋猪舍的猪体耗热能多，应增喂饲料 5%~10%。在喂料时，饲养员应充分了解加料铲的饲料量，并定期测量，达到熟练操作程度。对于个别过肥或过瘦公猪应适当减增饲料标准。在每次饲喂饲料时，一定要认真检查饲料质量和猪只的健康状况，如发现异常要及时采取措施。除此之外，为公猪提供充足而清洁的饮水。

三、公猪的饲养管理

（一）创造适宜的环境条件

1. 公猪舍基本条件

公猪应饲养在阳光充足、通风干燥的圈舍里。每头公猪应单栏饲养，围栏最好采用金属栏杆、砖墙或水泥板，栏位面积一般为 6~7 米^2，高度为 1.2~1.5 米，地面至房顶不低于 2.5 米；猪舍内要有完善的降温和取暖设施。

2. 适宜的温度和湿度

成年公猪舍适宜的温度为 18~22 ℃。冬季猪舍要防寒保温，至少要保持在 15 ℃，以减少饲料的消耗和疾病的发生。夏季高温期要防暑降温，因为公猪个体大、皮下脂肪较厚、汗腺不发达，高温对其影响特别严重，不仅导致食欲下降，还会影响性欲，易造成配种障碍或不配种，甚至中暑死亡。所以夏季炎热时，应每天冲洗公猪，必要时要采用机械通风、喷雾降温、地面洒水和遮阳等措施，使舍内温度最高不超过 26 ℃，相对湿度保持在 60%~75%。公猪配种时间在早晨或晚上温度较低时较为适宜。

3. 良好的光照

猪舍光照标准化对猪体的健康和生产性能有着重要的影响。良好的光照条件，不仅促进公猪正常的生长发育，还可以增强繁殖力和抗病力，并能改善精液的品质。种公猪每天要有 8~10 小时光照时间。

4. 控制有害气体的浓度

如果猪舍内氨气、硫化氢的浓度过大，且持续的时间较长，就会使公猪的体质变差，抵抗力降低，发病率（支气管炎、结膜炎、肺水肿等疾病）和死亡率升高，采食量降低，性欲减退，造成配种障碍。因此，饲养员每天都应特别注意通风，还要及时清理粪便，每天打扫卫生至少 2 次，彻底清扫栏舍过道，全天保持舍内外环境卫生。

（二）强化公猪单圈饲养管理

单圈饲养管理的好处是能为公猪营造安宁环境，减少外界环境干扰，保障猪的正常食欲，促进公猪正常生长发育。一般情况下，公猪在 3~4 月龄时就有性冲动，如不将其分开单独圈养，极易相互爬跨、打斗和啃咬，影响休息，进而食欲降低，不利于公猪的正常生长发育。而且极易养成自淫和滑精情况，甚者因爬跨导致阴茎严重损伤，失去利用价值而被淘汰。因此，公猪一旦发现性成熟，应立即分离单圈饲养。安排公猪圈舍时，要离母猪圈舍远些，避免公猪因母猪的活动或声音而焦躁，不能很好地休息而影响食欲，甚至严重影响生长发育。公猪圈舍围栏（墙）相对高些，舍（围栏）、门要牢固，否则公猪越栏（墙）或拱坏门而出，四处逃窜，影响母猪或其他猪正常休息。

（三）加强公猪运动

适量的运动，能使公猪的四肢和全身肌肉得到锻炼，减少疾病的发生，促进血液循环，提高性欲。如果运动不足，公猪性欲低下，四肢软弱，影响配种效果。有条件的话可以提供一个大的空地，以便于公猪自由活动。由于公猪好斗，所以一般都是让每头公猪单独活动。因此，最好建设环形运动场，对公猪做驱赶运动，这样可以同时使 2~3 头公猪得到锻炼。一般每天下午驱赶运动 1 小时，行程约 1 000 米，冬天可以在中午进行。在配种季节，应加强营养，适当减轻运动量；非配种季节，可适当降低营养，增加运动量。

（四）刷拭和修蹄

每天用刷子给公猪全身刷拭 1~2 次，可以保持公猪体外清洁，促进血液循环，减少皮肤病和体外寄生虫的存在，而且还可以提高精液质量，使公猪温顺、听从管教。在夏季的时候为了给公猪降温，也可每天给公猪洗澡 1~2 次。此外，还要经常用专用的修蹄刀为公猪修蹄，以免在交配时擦伤母猪。

第二节 母猪的饲养管理

一、后备母猪的饲养管理

（一）后备母猪选择

后备母猪选自第 2~5 胎优良母猪后代为宜，体形符合本品种的外形标准，即生长发育好、皮毛光亮、背部宽长、后躯大、体形丰满，四肢结实有力、肢蹄端正。有效乳头应在 6 对以上，乳头排列整齐、间距适中、分布均匀、无瞎乳头和副乳头。外阴发育较大且下垂、形状正常。日龄与体重对称：出生体重在 1.5千克以上，28 日龄断奶体重达 8 千克，70 日龄体重达 15 千克，体重达 100 千克时不超过 160 日龄；100 千克体重测量时，倒数第 3 到第 4 肋骨离背中线 6 厘米处的超声波背膘厚在 2 厘米以下。

后备母猪挑选常分 5 次进行，即出生、断奶、60 千克体重、5 月龄左右（105~110 千克、初情期）、配种前逐步给予挑选。

（二）后备母猪饲养

后备母猪采用群养，以刺激其发情。30 千克以前小猪料饲喂，30~60 千克中猪料饲喂，60~90 千克大猪料饲喂，自由采食，90 千克以后限饲，约 2.8 千克/天。配种前半个月优饲。具体根据母猪膘情增减饲喂量。母猪发情第 2 次或第 3 次，体重达120 千克以上配种。

（三）观察发情方法

每天进行 2 次发情鉴定，上、下午各 1 次。

1. 外部观察法

发情母猪行动不安，外阴红肿，有少数黏液流出，尿频，爬跨其他母猪，食欲差。

2. 试情法

用公猪对母猪进行试情，母猪接受公猪爬跨。

（四）适时配种

1. 配种时机

应在出现静立反射后，延迟 12~24 小时配第 1 次，再过 8~12 小时进行第 2 次配种。母猪配种后 21 天若不发情，即基本确认怀孕，转入怀孕期管理。

2. 配种方法

初次实施人工授精最好采用"1+2"配种方式，即第 1 次本交，第 2、3 次人工授精；条件成熟时推广"全人工授精"配种方式，并应由 3 次逐步过渡到 2 次。

3. 配种间隔

经产母猪：上午发情，下午配第 1 次，翌日上、下午配第 2、3 次；下午发情，翌日上午配第 1 次，下午配第 2 次，第 3 日下午配第 3 次。断奶后发情较迟（7 天以上）的及复发情的经产母猪、初产后备母猪，要早配（发情即配第 1 次），间隔 8 小时后再配 1 次，至少配 3 次。

二、空怀母猪的饲养管理

空怀母猪除了青年后备母猪之外，是指未配或配种未孕的母猪，其中包括断奶后未配母猪，妊娠期间流产、死胎、无奶而并窝的母猪，超期未配母猪，配种未孕返情母猪，久配不孕母猪。

（一）断奶后未配母猪饲养管理

规模化猪场均采用 21 日龄或 28 日龄仔猪早期断奶技术。断奶母猪转入配种舍，要认真观察母猪发情、做好母猪配种和记录，采取有效措施，加强饲养管理，实行短期优饲，饲喂全价优质饲料，日喂料量为 2.5~3.2 千克，日喂 3 次，饮充足清洁水，要注意钙、磷和维生素 A、维生素 D、维生素 E 足量供应。断奶母猪在恢复栏，每圈饲养母猪 3~4 头为宜，每头占地面积要求 1.8~2.0 米^2，加强运动和接触阳光，多数母猪断奶后 3~10 天，早者 3~5 天就发情。所以，要求在断奶后第 3 天就开始检查母猪是否发情或将公猪驱赶到母猪附近，刺激母猪，使其尽快发情。母猪发情时要适时配种，对个别体瘦的母猪，要增加饲料量，要求在第 2 次发情时配种，提高受胎率和产仔数；对个别肥胖的母猪，采取限饲

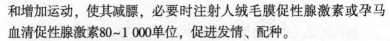

和增加运动，使其减膘，必要时注射人绒毛膜促性腺激素或孕马血清促性腺激素80~1 000单位，促进发情、配种。

（二）其他空怀母猪的饲养管理

未经哺乳的母猪，体力无消耗，营养物质储备较多，对这种母猪要进行限饲，加强运动，强壮猪体，避免过肥造成受孕困难。同时对配种后久不受孕的母猪，必须及时淘汰处理。

三、妊娠母猪的饲养管理

妊娠母猪是指经过配种受胎的母猪。母猪怀孕后，一方面继续恢复前一个哺乳期消耗的体重，为下一个哺乳期积存一定营养物质；另一方面，要供给胎儿发育所需要的营养。对于初产母猪来说，还要满足身体进一步发育的营养需要。因此，母猪在怀孕期，饲养管理的主要任务是保证胎儿在母猪体内得到充分发育，防止化胎、流产和死胎，同时要保证母猪本身能够正常积存营养物质，使哺乳期能够分泌数量多、质量好的乳汁。妊娠母猪本身及胎儿的生长发育具有不平衡性，即有前期慢、后期快的特点。按照妊娠母猪的特点和母猪不同的体况，妊娠母猪的饲养方式有以下3种。

（一）抓两头顾中间的喂养方式

这种方式适用于经产母猪。前阶段母猪经过分娩和泌乳，体力消耗很大，为了使母猪担负起下一阶段的繁殖任务，必须在妊娠初期就加强营养，使其尽早恢复体况。这个时期一般为20~40天。此时，除喂大量青粗饲料外，应适当给予一些精饲料，以后以青粗饲料为主，维持中等营养水平。到妊娠后期，即3个半月以后，再多喂些精饲料，加强营养，形成"高—低—高"的饲养模式。但后期的营养水平应高于妊娠初期的营养水平。

（二）前粗后精的饲喂方式

这种方式适用于配种前体况良好的经产母猪。因为妊娠初期，不论是母猪本身的增重，还是胎儿生长发育的速度，或胎儿体组织的变化，都比较缓慢，一般不需要另外增加营养，可降低日粮中精饲料水平，而把节省下来的饲料用于促进妊娠过程的进展，胎儿生长逐渐加快时再适当增加部分精饲料。

（三）步步登高的饲养方式

这种方式适用于初产母猪和泌乳期配种的母猪。这类母猪整个妊娠期的营养水平是按照胎儿体重的增长而逐步提高的，到分娩前 1 个月达到最高峰。在妊娠初期以喂优质青粗饲料为主，以后逐渐增加精饲料比例。在妊娠后期多用些精饲料，同时增加蛋白质和矿物质。

现代养猪还可分限量饲喂、限量饲喂与不限量饲喂相结合的两种饲喂方式。前者是指按照饲养标准规定的营养定额配合日粮，限量饲喂；后者是指妊娠前期 2/3 时期采取限量饲喂，妊娠后 1/3 时期改为不限量饲喂，给予母猪全价日粮，任其自由采食。

四、分娩、哺乳母猪的饲养管理

分娩、哺乳母猪的饲养管理是母猪整个繁殖周期中的最后一个生产环节。这一阶段的饲养管理好坏，不仅影响仔猪成活率和断奶体重，而且对母猪下一个繁殖周期的生产有着显著影响。

（一）母猪分娩前的准备

1. 分娩舍的准备

根据推算的母猪预产期，在母猪分娩前 7~10 天准备好分娩舍。分娩舍冬季要保温，舍内温度最好控制在 15~18 ℃。寒冷季节舍内温度较低时，应有采暖设备，同时应配备仔猪的保温装置（温度达 30 ℃左右）。应提前将垫草放入舍内，使其温度与舍温相同，要求垫草干燥、柔软、清洁，长短适中。炎热季节应注意防暑降温和良好通风，舍内相对湿度应控制在 65%～75%。母猪进入分娩舍前，要进行彻底的清扫、冲洗、消毒工作，清除过道、猪栏、运动场等的粪便、污物，墙壁、地面、圈栏、饲槽、用具等用 2%氢氧化钠溶液喷洒消毒，天棚等也可用百毒杀等药物进行消毒，猪舍彻底消毒后空置 1～2 天，最后用清水冲洗、晾干，方可将母猪转入产仔。

2. 妊娠母猪转入分娩舍

为使母猪适应新的环境，应在产前 5～7 天将母猪赶入分娩舍，如若过晚进入分娩舍，母猪精神紧张，影响正常产仔。在母猪进入分娩舍前，要清洗猪体腹部、乳房、外阴周围的污物，有条件的情况下冬天用温水，夏天用冷水，对母猪全身清洗，然后用百毒杀等消毒剂进行猪体消毒，晾干后转入分娩舍。转入分娩舍最佳时间为早饲前空腹进行，母猪入分娩舍后再饲喂。

3. 用具准备

应准备好洁净的毛巾或拭布、剪刀、水盆、水桶、称仔猪的秤、耳号、耳号钳、记录卡、肥皂、5%碘酊、高锰酸钾、凡士林、来苏尔、缝合用针线等用品，以备接产时使用。

4. 母猪产前的饲养管理

视母猪体况投料，体况较好的母猪，产前 5～7 天应减少精饲料的 10%～20%，以后逐渐减料，到产前 1～2 天减至正常喂料量的 50%。但对体况较差的母猪不但不能减料，而且应增加一些营养丰富的饲料以利泌乳。在饲料的配合调制上，应停用干、粗、不易消化的饲料，而用一些易消化的饲料。在配合日粮的基础上，可应用一些青饲料，调制成液体料饲喂。产前可饲喂麸皮粥等轻泻性饲料，防止母猪便秘和乳房炎。产前 1 周应停止驱赶运动，以免造成死胎或流产。饲养员应有意多接触母猪，并按摩母猪乳房，以利于接产、母猪产后泌乳和对仔猪的护理。对带伤乳头或其他可能影响泌乳的疾病应及时治疗，不能利用的乳头或带伤乳头应在产前封好或治好，以防母猪产后疼痛而拒绝哺乳。

（二）接产技术

1. 分娩过程

临近分娩前，准备阶段以子宫颈的扩张和子宫纵肌及环肌的节律性收缩为特征。准备阶段初期，以每15分钟周期性地发生收缩，每次持续约20秒，随着时间的推移，收缩频率、强度和持续时间增加，一直到以每隔几分钟重复地收缩。在此阶段结束时，由于子宫颈扩张而使子宫和阴道成为相连续的管道，膨大的羊膜同胎儿头和四肢部分被迫进入骨盆入口，这时引起横膈膜和腹肌的反射性及随意性收缩，在羊膜里的胎儿即通过外阴。在准备阶段开始后不久，大部分胎盘与子宫的联系就被破坏而脱离。子宫角顶部开始的蠕动性收缩引起了尿囊绒毛膜的内翻，有助于胎盘的排出。在胎儿排出后，母猪即安静下来，在子宫主动收缩下使胎衣排出。一般正常的产仔间歇时间为5~25分钟，产仔持续时间依胎儿多少而有所不同，一般为1~4小时；在仔猪全部产出后10~30分钟，母猪便排出胎盘。胎儿和胎盘排出以后，子宫恢复到正常未妊娠时的大小，这个过程称为子宫复原。在产后几周内子宫的收缩更为频繁，收缩的作用是缩短已延伸的子宫肌细胞。在35~45天以后，子宫恢复到正常大小，而且更换了子宫上皮。

2. 产前征兆

母猪临产前在生理和行为上都发生一系列变化，掌握这些变化规律既可防止漏产，又可合理安排时间。因此，饲养员应注意掌握母猪的产前征兆，如腹部膨大下垂，乳房膨胀有光泽，两侧乳头外张，从后面看，最后1对乳头呈"八"字形，用手挤压有乳汁排出。一般初乳在分娩前数小时就开始分泌，但也有个别母猪产后才分泌。但应注意营养较差的母猪，其乳房的变化不是特别明显，要依靠综合征兆做出判断。母猪外阴松弛红肿，尾根两侧开始凹陷，并开始站卧不安、时起时卧，一般出现这种现象后6~10小时产仔。母猪频频排尿，侧卧，四肢伸直，阵缩时间逐渐缩短，呼吸急促，破水（外阴流出稀薄黏液），表明即将分娩。此时接生人员应用0.1%高锰酸钾溶液或2%来苏尔擦洗母猪外阴、后躯和乳房，准备接产。随着母猪努责频率加快，腹压加大，仔猪从产道产出。

3. 接生操作方法

仔猪产出时，头和前肢先出产道的称正生；两后肢先出产道的称倒生。

（1）仔猪正常产出。仔猪正常产出后，立即用干净毛巾擦净仔猪口鼻和全身体表黏液，防止因水分蒸发造成仔猪体温下降；如胎衣包裹仔猪时，应立即撕破胎膜，擦净仔猪口腔和鼻部黏液；遇到仔猪倒生时，接生人员要用手握住两后腿，协助拉出仔猪，防止因脐带中断而造成窒息死亡。

（2）断脐带。先将脐带内血液向腹部方向挤压，在距仔猪腹部4~5厘米处，用手指掐断或剪短脐带，将脐带断口处涂上碘酒消毒。如遇到脐带流血不止时，用手指掐住脐带断端一段时间即可止血。此法止血效果不佳时，可用线结扎脐带止血。

（3）仔猪编号和称重。按照各养猪场自己的编号方法，母猪打双号，公猪打单号，然后称初生体重。将仔猪打的耳号、初生体重、性别、公猪号、母猪号、出生日期等内容均填写在卡片上，同时做好母猪产仔登记。

（4）假死仔猪急救措施。有的仔猪生出来就停止呼吸，但心脏仍在跳动，这被称为假死。人工救治方法是先掏净仔猪口腔内黏液，擦净鼻部和身上黏液，然后采取以下急救的方法：一是倒提仔猪后腿，促使黏液从气管中流出，并用手连续拍打仔猪背部，直至发出叫声为止；二是用酒精或白酒擦拭仔猪的口鼻周围或针刺的方法急救使其复苏；三是将仔猪仰卧在垫草上，用两手握住其前后肢反复作屈伸，直至仔猪发出叫声恢复自主呼吸。

（5）难产处理方法。母猪破水后仍产不出仔猪，或产出数头仔猪后 30 分钟内只见努责不见产仔，均视为难产。处理难产时，可采取以下方法：一是肌内注射催产素 3~5 毫升，促使胎儿产出；二是接产人员用双手托住母猪的后腹部，随着母猪努责，向臀部用力推送，促使胎儿产出；三是看见仔猪头或腿时出时进，可用手抓住仔猪的头或腿轻轻拉出；四是将右手消毒，涂凡士林、石蜡或甘油等滑润剂，五指并拢成锥形，慢慢伸入产道，抓住胎儿适当部位，再随着母猪腹部收缩的节奏，徐徐将胎儿拉出产道；五是如采取以上措施后，仔猪还是产不出来，只能手术剖腹取胎。为避免产道损伤和感染，助产或手术后必须给母猪注射抗生素等抗炎症药物。

（6）清除污染垫草、杂物和胎衣。母猪正常分娩一般为 2~3 小时，仔猪全部产出后约 30 分钟开始排出胎衣（也有边产边排的），当胎衣排净后，立即清除，同时清除污染垫草、杂物，更换新鲜垫草，用 0.1% 高锰酸钾溶液擦洗母猪腹部、外阴和后躯，用清水冲洗床面。

（三）母猪产后的饲养管理

1. 母猪产后尽快补充体液，恢复体力

母猪在产仔过程中体力消耗非常大，体液损失也多，因此产后要给母猪饮用加入少量盐的温水，最好在饮水中加入少量的豆粕水和麸皮，或用混合精饲料（或 15 粒花椒、4 片鲜姜、7 个去核大枣、60 克红糖、1 500 毫升水，煮沸后晾至常温，1 次饮用）代替麸皮，以补充体液，恢复体力。此时饲养员要注意观察母猪的饮欲和食欲情况。若是母猪在产后 2~3 小时之内表现不吃不喝，体温稍微升高时，必须注射抗生素或其他抗炎性药物，防止产褥感染等疾病发生而影响泌乳和哺育仔猪。

母猪产仔第 2 天日喂料 2 次，每次给料量 1 千克，产仔第 3 天开始日增加料量 0.5 千克，产后 1 周后日喂足够饲料量，并根据母猪体况及带仔头数适当增减料量，日喂 3~4 次，自由饮水。

2. 加强母猪产后的饲养管理

（1）农户养猪可在哺乳母猪产后 2~3 天，将母猪赶到舍外运动场自由活动，有利于母猪恢复体力，帮助母猪消化和泌乳。分娩舍要保持安静、温暖、干燥、卫生、空气新鲜。产栏和过道，每 2~3 天消毒 1 次，防止发生子宫炎、乳房炎、仔猪下痢等疾病。

（2）哺乳母猪日粮结构要保持相对稳定，不要频变、骤变饲料品种，不喂发霉变质和有毒饲料，以免造成母猪中毒和乳质改变而引起仔猪腹泻。

（3）有些母猪因妊娠期营养不良，产后无奶或奶量不足，可喂给小米粥、豆浆、小鱼虾汤、海带肉汤等催奶。对膘情好而奶量少的母猪，除喂催乳饲料外，同时应用药物催奶。如当归、王不留行、漏芦、通草各 30 克，水煎后配麦麸皮喂，每天 1 次，连喂 3 天。也可用催乳灵 10 片，1 次喂服。

（4）根据哺乳母猪泌乳特点及规律，加强饲养管理。母猪乳房结构特点是每个乳头有 2~3 个乳腺团，各乳头之间没有联系，乳房没有乳池，不能随时排乳，母猪产仔以后通过仔猪用鼻子拱乳头的神经刺激产生催乳素将乳排出。母猪每天泌乳 20~26 次，每次间隔时间为 1 小时左右，一般泌乳前期次数较多，随仔猪日龄增加泌乳次数减少。夜间比较安静，因此夜间的泌乳次数比白天的多。母猪月泌乳量为 300~400 千克，日泌乳量为 5~9

千克，每次泌乳量为 0.25~0.40 千克，产仔后泌乳量逐渐增加，一般从产后 10 天左右开始上升较快，平均 21 天达到泌乳高峰，以后逐渐下降。因此，为提高母猪的泌乳力，必须在母猪泌乳高峰到来之前，添加质量较好的精饲料，使泌乳高峰更高而且下降缓慢。同时也要在泌乳高峰下降之前，对仔猪进行补料，保证仔猪不会因母猪泌乳量下降而影响生长发育。

（5）保障饮水卫生及充足。哺乳母猪每天需要大量的饮水，水质要达到国家饮水标准，同时经常检查水嘴畅通情况，确保水源充足，水质优良、清洁。

（6）保持安静、清洁的环境。猪舍的环境清洁有利于仔猪和母猪健康，可避免消化系统、呼吸系统、皮肤血液循环系统等疾病，保障母猪的泌乳。因此，每天将圈舍打扫干净，定期消毒；饲槽经常清洗和消毒；禁止任何人员在猪舍内大声喧哗，更不可随意抓仔猪，禁止鞭打母猪；保证猪舍内无蚊蝇、无老鼠、无猫狗乱窜等，为哺乳母猪营造清洁、安静的泌乳环境和仔猪生长环境。

（7）因猪而异，适时淘汰母猪。猪的泌乳量因其胎次、年龄不同有很大的变化，3~5 胎壮龄母猪泌乳量最高，6~7 胎以后的母猪逐渐下降，因此，一般小型猪场母猪产仔 8~10 胎以后淘汰；大型猪场母猪的淘汰率比较高，在一个生产周期中，母猪淘汰率一般在 15% 左右，有的高达 25%。

3. 哺乳母猪的营养需要与饲料配制

（1）营养需要。母猪在哺乳期间必须获得充足的营养，才能获得最大的泌乳量，使仔猪健壮、增重快，对母猪以后繁殖性能也奠定了基础。蛋白质、氨基酸、维生素和矿物质等营养物质是哺乳母猪的维持需要、泌乳需要和生长需要，特别是哺乳期间需要大量的能量。当哺乳母猪摄入的能量不能满足这 3 种需要时，母猪就动用自身能量储备进行泌乳。因此，应按哺乳母猪饲料标准进行饲喂。

（2）饲料配制。根据哺乳母猪营养需要和饲料标准，结合本地区饲料资源情况，制定和设计饲料配制方案。

（3）哺乳母猪日粮多样化。现代化养猪场或大型猪场养猪日粮均为全价配合饲料。如果有条件的中、小型猪场或农户养猪，适当喂些青绿饲料为好，以混合饲料、粗饲料、青绿饲料搭配饲喂，既营养丰富，又节约饲料成本。按科学饲养的方法，哺乳前期全价配合饲料占日粮总量的90%，粗、干饲料占2%~3%，青绿饲料占1%~2%；哺乳中期全价配合饲料占85%，粗、干饲料占3%~5%，青绿饲料占10%左右；哺乳后期全价配合饲料占65%~75%，粗、干饲料占10%左右，青绿饲料占20%左右。日粮组成一旦固定，不要轻易改变，要有相对的稳定性。

第三节　仔猪的饲养管理

一、哺乳仔猪的饲养管理

（一）哺乳仔猪的生理特点

1. 仔猪体温调节机能不健全

初生仔猪皮薄毛稀、皮下脂肪少、皮肤散热快、大脑皮层温度调节中枢神经发育不够健全，因此不能正常调节和维持体温，仔猪的体温只能随环境温度下降而降低。初生仔猪的临界温度为35℃，如果环境温度为13~24℃，仔猪出生20分钟内，因羊水的蒸发，体温快速下降，出生后1小时体温可下降1.7~7.2℃。仔猪在1℃环境中出生2小时可冻昏迷，甚至冻死。仔猪达到10日龄时体温自身调节机能方得到改善，20日龄时接近完善。因此，要根据仔猪的生理特点，注意为仔猪防寒保暖，特别是在寒冷季节产仔时，更值得关注。

2. 仔猪消化器官不发达、容积小、机能不完善

（1）仔猪消化器官不发达、容积小。仔猪出生时，消化器官虽然已经形成，但其重量和容积都比较小。仔猪出生时胃重仅有 4～8 克，能容纳乳汁 25 毫升；20 日龄时胃重达到 35 克，容积扩大 2～3 倍；60 日龄时胃重达到 150 克，容积为 1.6 升左右。成年母猪胃重达到 860 克，容积为 5～6 升。由于仔猪肠胃容积小，食物排空速度快，15 日龄时食物排空时间为 1.5 小时，30 日龄时为 3～5 小时，60 日龄时为 16～19 小时。因此，饲养哺乳仔猪时应采用少喂勤添的饲喂方法。

（2）仔猪消化器官机能不完善。哺乳仔猪出生后至 20 日龄，胃内不能分泌盐酸，也就不能激活胃蛋白酶原，更不能形成胃蛋白酶，最终导致不能消化蛋白质，只有达到 40 日龄时，胃内能分泌较多的盐酸，才有消化蛋白质的功能。在此之前主要靠小肠液和胰液来消化营养物质，如胰蛋白酶、胰凝乳酶等进行消化蛋白质。哺乳仔猪进入 20～30 日龄时，只有饲料进入肠胃之后直接刺激胃壁，才能产生少量的胃液。由此证明，哺乳仔猪早补饲料，对仔猪胃液分泌，提高仔猪消化机能很有益处。

3. 仔猪缺乏先天免疫力

仔猪出生时没有先天免疫力，因为免疫抗体是一种大分子 γ-球蛋白，而胚胎期由于母体血管与胎儿脐带血管之间被 6～7 层组织隔开，限制了母体抗体通过血液向胎儿转移。因此，仔猪出生时没有先天免疫力，自身也不能产生抗体，只能通过初乳把母体的抗体传递给仔猪，以后过渡到自体产生抗体而获得免疫力。

4. 仔猪生长发育快、新陈代谢机能旺盛

仔猪初生重非常小，约为 1 千克，不到成年体重的 1%，以

后生长发育很快, 10 日龄体重达初生重的 2 倍以上, 30 日龄达 5~6 倍, 60 日龄达 10~13 倍。

仔猪生长快, 是因为其物质代谢旺盛, 特别是蛋白质代谢和钙、磷代谢要比成年猪快得多。仔猪 20 日龄时, 每千克体重沉积的蛋白质, 相当于成年猪的 30~35 倍, 哺乳仔猪乳蛋白消化率为 99.8%, 利用率为 70%~90%。

(二) 哺乳仔猪的饲养管理

1. 吃足初乳

母猪分娩后 3~5 天内分泌的乳汁称为初乳。初乳中含有大量的免疫球蛋白, 脂肪含量较高。吃足初乳是仔猪早期 (仔猪自身能有效产生抗体之前, 一般为仔猪出生后 4~5 周) 获得抗病力最重要的途径之一。

仔猪刚出生后, 活力较差, 特别是一些体重小、体质弱的仔猪, 往往不能及时找到乳头, 尤其是在舍温较低的情况下, 仔猪可能被冻僵, 失去吮乳能力。因此, 仔猪出生后, 在擦干仔猪全身和断脐后, 立即将仔猪放入保温箱内, 待全部仔猪娩出后, 立即进行人工辅助哺乳, 也可随产随哺。若母猪无乳, 应尽早将仔猪寄养出去, 并保证仔猪能吃到寄养母猪的初乳。

在哺乳仔猪前, 应先挤掉最初的几滴乳, 因为这部分乳汁储藏时间较长, 易受污染, 仔猪食入后易导致下痢。

2. 固定乳头

为使同窝仔猪发育均匀, 必须在仔猪出生后 2~3 天内, 采用人工辅助的方法, 促使仔猪尽快形成固定吸食某个乳头的习惯。

固定乳头的重点是控制体重大活力强、体重小活力弱的仔猪, 中等大小的仔猪可自由选择中间的乳头。在每次哺乳时, 先将体重小的仔猪固定在前面的几对乳头, 对争抢乳头严重、乱窜乱拱的仔猪进行严格的控制。这种方法能够利用母猪乳头不同则泌乳量不同的规律，使弱小仔猪获得较大量的乳汁以弥补先天的不足，虽然后面的几对乳头泌乳量较少，但因仔猪健壮，拱揉、按摩乳房有力，仍可弥补后边的几对乳头泌乳量不高的缺点，从而使得同窝仔猪发育均匀。当窝内仔猪数较多时，可采用在背部标号、用隔板将仔猪分开等办法，有助于加快乳头的固定。

固定好乳头的标志是母猪哺乳仔猪时，全部仔猪都能在固定的乳头拱揉、按摩乳房，无强欺弱、大欺小、争夺乳头的现象，母猪放乳时，仔猪全部安静吮乳。

3. 保温

寒冷对仔猪的直接危害是冻死，同时又是压死、饿死和病死的诱因，因为仔猪遇低温时，体温降低、活力下降、行动迟缓、吮乳无力致使进食的初乳量少，最终将导致被压死、饿死或发病而死亡。仔猪最适宜的环境温度：0~3 日龄为 30~32 ℃，3~7日龄为 28~30 ℃，以后每周约降 1 ℃直至 25 ℃。

保温的措施是单独为仔猪创造温暖的小气候环境。因为虽"小猪怕冷"，但"大猪怕热"。母猪的适宜温度是 15~20 ℃，将整个分娩舍升温，母猪不舒服且会使泌乳量下降，目前普遍采用的保温措施是加设保温箱，内悬挂红外线灯或电热板。

4. 防压

在生产实践中，压死仔猪一般占死亡总数的 30%~40%，甚至高达 50%左右，且多数发生在出生后 1 周内。

猪场应采取防压措施，具体如下。

（1）设置护仔栏。规模化猪场常采用带母猪限位架的高床网上分娩哺育栏，一般限位架长 210~230 厘米、宽 55~70 厘米、高 105 厘米，侧面最底端的栏杆距床面 20~25 厘米，可保证仔猪探头吮乳。由于护仔栏很窄，母猪躺卧的速度被迫放慢，因此，即使仔猪钻入母猪体下，也有足够的时间逃避。利用实体地面分娩圈时，可在产圈的一角设长 100 厘米、宽 60~70 厘米、与圈栏同高的护仔栏，内设保温箱，内悬挂红外线灯或电热板。仔猪出生后 1~3 日龄内，可在吃乳后将仔猪捉回保温箱，并将箱门封住，间隔 1 小时左右再将仔猪放出哺乳，训练仔猪养成吃乳后迅速回护仔栏内休息的习惯，从而实现母仔分居，防止母猪踩死、压死仔猪。

（2）加强产后护理。一旦发现母猪压住仔猪，应立即拍打其耳根，令其站起，救出仔猪。

5. 寄养、并窝

所谓寄养，就是将仔猪给另一头母猪哺育；并窝则是指把两窝或几窝仔猪合并起来，由一头母猪哺育。

在进行寄养、并窝以及调窝时，应遵循下列原则。

（1）寄养的仔猪，寄出前必须吃到足够的初乳，或寄入后能吃到寄养母猪足够的初乳，否则不易成活。

（2）通常将先出生的弱小仔猪寄养给刚分娩的母猪，这样可以保证仔猪吃到足够的初乳（既吃生母初乳，也吃寄养母猪初乳），又不至于使寄养母猪的乳腺变干（无仔猪吮乳的乳腺在母猪产后 3~4 天会变干）。寄入的仔猪与原窝仔猪日龄应接近，最好不要超过 3 天，否则往往会出现大欺小、强欺弱的现象，使弱小仔猪的生长发育受到影响。

（3）承担寄养任务的母猪，性情要温顺，泌乳量高且有空闲乳头。在寄入仔猪的身上涂抹寄养母猪的尿液，或往全群仔猪身上喷洒有气味的物质，如来苏尔、酒精等，以掩盖寄入仔猪的异味，减少母猪对仔猪的排斥，使寄入的仔猪尽快融入新的猪群。

6. 补充铁、硒等矿物质

如果不及时补充铁，仔猪体内的铁储量仅够维持 6~7 天，一般 10 日龄左右即出现因缺铁而导致的食欲减退、被毛粗乱、皮肤苍白、生长停滞等现象。因此，要求仔猪出生后必须及时补铁。目前普遍采用的方法是在仔猪出生后 2~3 天，肌内注射右旋糖酐铁或葡萄糖铁 150~200 毫克。如果仔猪生长较快，或吃料较晚，应在仔猪 14~20 日龄时再补铁 1 次。

缺硒易引发仔猪下痢，导致白肌病，严重时会导致仔猪突然死亡。缺硒地区应在仔猪出生后 3~5 日龄肌内注射 0.1% 亚硒酸钠维生素 E 合剂 0.5 毫升，14~20 日龄时再注射 1 毫升。硒是剧毒元素，过量极易引起中毒，补硒时应予注意。

7. 保证清洁、充足的饮水

仔猪生长迅速、代谢旺盛、需水量较多，应从出生后 3 日龄起，为仔猪提供足量、清洁的饮水。若饮水供应不足，将致使其生长缓慢，还会导致仔猪喝脏水而引起下痢。

8. 开食补料

母猪泌乳高峰期是在产后 20~30 天，35 天以后明显减少，而仔猪的生长速度却越来越快，一般在仔猪出生后 3 周即出现仔猪营养需要量大与母乳供给不足的矛盾。为了保证仔猪 3 周龄后能大量采食饲料以弥补母乳营养供给的不足，一般应在出生后 5~7 日龄诱导仔猪吃料。补料可以补充仔猪在出生后母乳不能满足的营养需要，从而有利于仔猪的生长发育；补料可以锻炼仔猪的消化道，断奶前补料越多，仔猪消化道发育越完善，从而可以减少消化不良、拉稀、下痢等的发生；适时补料也可以减少断奶后转料造成的仔猪应激。

补料可利用仔猪的探究行为和喜食香、甜食的习惯进行，或采取强制补料的方法。仔猪经训练后，20 日龄左右大量采食饲料，进入旺食阶段。补料可采用自由采食或顿喂的方式。顿喂时，一般日喂次数最少5~6次，其中一次应放在夜间。

9. 预防下痢

下痢是哺乳仔猪最常发生的疾病之一，临床上常见黄痢和白痢，一般多发生在仔猪出生后1~3日龄、7~14日龄，严重威胁仔猪的生长和成活。引起发病的原因很多，多由受凉、日粮抗原过敏、消化不良和细菌感染等因素引起。因此，应有针对性地采取综合措施，如采用全进全出的生产方式，每次进猪前对分娩舍进行彻底消毒，日常保持分娩舍温暖、干燥、空气清新并进行定期消毒，母猪产前接种 K88、K99 大肠杆菌疫苗；保证泌乳母猪的日粮营养全价、组成稳定；保证仔猪日粮营养全面、易消化，在仔猪补料中添加酸化剂、抗生素、益生素等有助于预防仔猪下痢。

10. 适时去势

育肥用母猪不去势进行育肥对育肥效果影响较小，故母猪可不去势直接进行育肥。公猪若不去势进行育肥对育肥效果影响较大，且其肉具有腥臭味，因此，公仔猪必须去势后进行育肥。

仔猪出生后去势早对仔猪的生长速度和饲料利用率影响较小，需要考虑的因素是手术的难易，以及仔猪伤口愈合的快慢。仔猪日龄越大或体重越大，去势时操作越费力且创口愈合缓慢，故一般在2~4周龄对公仔猪进行去势。仔猪去势后，应给予特殊护理，防止仔猪互相拱咬创口，引起失血过多而影响仔猪的活力，并应保持圈舍卫生，防止创口感染。

二、断奶仔猪的饲养管理

（一）仔猪断奶时间

仔猪断奶时间应根据母猪的生理特点、仔猪的生理特点以及养猪场（户）的饲养管理条件和管理人员的技术水平而定。从母猪的生理特点及提高母猪利用率的角度考虑，仔猪的断奶周龄越小，母猪的利用率越高，但一般母猪产后子宫复原需 20 天左右，在子宫未完全复原时配种，受胎率低，胚胎发育受阻，胚胎死亡增加。从仔猪的生理特点考虑，当体重达 6~7 千克或年龄达 4~5 周龄时，仔猪已利用了母猪泌乳量的 60% 以上，自身的免疫能力也逐步增强，仔猪已能通过饲料获得满足自身需要的营养。从饲养管理的角度考虑，仔猪的断奶日龄越早或断奶体重越小，要求的饲养管理条件越高，但仔猪在 4~5 周龄时所需的饲养管理条件和饲养技术已和 8 周龄仔猪相近，一般的养猪场（户）能实行 8 周龄断奶，只要在饲养管理技术上尤其是饲料条件上稍加完善，即可实行 4~5 周龄断奶。因此，根据我国目前的养猪科技水平，可以实行 4~5 周龄断奶，最迟不宜超过 6 周龄，但饲养管理措施一定要跟上，否则盲目追求早期断奶，往往得不偿失。

（二）断奶仔猪的饲养管理

1. 日粮逐渐过渡

仔猪断奶后 1 周内，应继续饲喂哺乳仔猪日粮，防止突然改变降低仔猪的食欲，引起肠胃不适和消化机能紊乱。2~3 周后逐渐过渡到断奶仔猪日粮，并尽力做到日粮组成与哺乳期日粮相同，只是改变日粮的营养水平。

2. 断奶初期适当限饲

仔猪断奶后最初 1~2 天，往往采食量很少，3~4 天以后则食量大增，这时要适当控制仔猪的采食量，以免引起消化不良。如果是自由采食方式，则断奶后第 1 周应采取顿喂的方式，直接进行自由采食往往造成仔猪过量采食而引起消化不良，1 周以后采用自由采食方式。

3. 环境逐渐过渡

要求断奶仔猪舍温度适宜（25~27 ℃）、干燥、清洁。在没有保育舍的猪场，最好将母猪调出哺乳舍，使仔猪留在原舍饲养，1~2周后再调舍以减少环境应激。如果断奶仔猪需要并群，也应在断奶2周后进行。

避免同时进行断奶、换料、调舍、并群、去势、免疫接种等工作，多重应激会加重对仔猪的不良影响。

第四节　育肥猪的饲养管理

仔猪从保育舍转入生长育肥舍，要求增重快、出栏时间短、耗料少、料肉比低、胴体品质优。因此，需要从品种、饲料营养、环境控制、疫病防治等方面综合考虑。

一、充分利用生长育肥猪的生长规律

仔猪阶段相对生长速度较快，随日龄增长逐渐降低。日增重开始较少，后来增加，达到高峰后又逐渐下降。猪的育肥最好在6月龄内结束，此前增重最快，每千克增重耗料最少。

幼龄期长外围骨，中龄期长中轴骨和肌肉，稍后肌肉生长加快，最后脂肪生长加快，即所谓小猪长骨、中猪长肉、大猪长膘。生产实践中，应充分利用上述规律，仔猪阶段充分调动骨骼生长，育肥前期增加蛋白质供给，促进肌肉组织沉积，育肥后期适当减少能量摄入量，控制脂肪沉积，从而提高瘦肉率、降低生产成本。因为沉积瘦肉比沉积脂肪的利用率高，成本低。

二、控制影响育肥的因素

（一）品种

品种是决定育肥性能的重要因素。一般三元杂交品种的生长优势大于地方品种。只有选择优质品种并结合使用优质饲料，才能获得最佳效益。

（二）性别

公、母猪去势后，食欲增加、增重速度加快、饲料利用率和屠宰率提高、肉的品质好，由于母猪性成熟晚（6月龄以后），所以人们普遍采取公猪去势、母猪不去势的方式进行育肥。

（三）初生重和断奶重

仔猪初生重大，则断奶重大、育肥期增重速度快。人们常说："初生差一两，断奶差一斤，出栏差十斤。"设法提高初生重和断奶重是养猪的基础。

（四）饲料与营养

能量水平直接影响日增重。提高能量水平有利于加快增重速度、提高饲料利用效率。适宜蛋白质水平对增重和胴体品质都有良好作用。仔猪食入含饱和脂肪酸多的饲料，则体脂洁白、坚硬，相反则出现黄膘或软脂。

（五）环境

猪在适宜温度（15～23 ℃）下，育肥效果明显，过冷过热均不利，高温比低温危害更大，特别要避免高温和低温高湿。饲养密度每栏10～20头，每头占栏面积中猪0.5～0.8米²、大猪0.8～1.0米²为宜，面积过大过小均不合适。虽然光照对育肥效果无明显影响，但不宜过强，以便于操作管理为好。

三、育肥方法的实施

随着品种改良和日粮结构的不断调整，传统的阶段育肥或吊架子育肥，不完全适应现代化养猪生产的要求。根据猪各阶段营养需要特点，养猪场普遍采用供给充足营养的直线育肥法（又称一条龙育肥法）。这种方法育肥期短、日增重高、料肉比低。40～60千克以前自由采食，充分发挥小猪生长快、饲料利用率高的特点。60 千克以后适当限饲，提高饲料利用率并控制体脂的含量。育肥期间饲喂粉料，每日饲喂 2～4 次，保证充足饮水和防疫、驱虫、防暑、防寒工作。具体实行哪种育肥方式还应当考虑品种、饲料资源、交通条件等。

育肥猪多大体重出栏应根据育肥目的而决定。第一，建议在增重高峰过后及时出栏，因为出栏体重越大，胴体越肥，生产成本也越高。体重 60～120 千克阶段，活重每增长 10 千克，瘦肉率大约下降 0.5%。第二，针对不同市场（出口、城镇还是农村）需要灵活确定出栏体重。第三，以经济效益为核心确定出栏体重。出栏体重越小，单位增重耗料越少，饲养成本越低，但其他成本分摊费用增高，很不经济。出栏体重越大，单位产品非饲养成本分摊费用越少，但后期增重成分主要是脂肪，饲料利用率下降，饲养成本明显增高。同时，胴体脂肪多，售价等级低，也不经济。

四、提高瘦肉率的措施

发展瘦肉型猪生产，可以提高猪的日增重，降低饲料消耗，改善肉质和养猪业的经营状况。

（一）品种

饲养杜长大三元杂交商品瘦肉型猪，瘦肉率可达 64%以上。

（二）饲料蛋白质水平

10～20 千克体重时，饲料蛋白质水平应为 22%～20%；20～60 千克体重时，饲料蛋白质水平应为 20%～16%；60～90 千克体重时，饲料蛋白质水平为 16%～14%。

（三）采取"前攻后限"的饲养方式

60 千克体重前敞开饲喂，60 千克体重后则限制饲喂，一般以限正常喂量 85%～90%为宜，补饲青绿饲料。限饲能抑制脂肪增长、节约饲料，提高胴体瘦肉率。

（四）创造适宜的生长环境，做到冬暖夏凉

肉猪舍内温度以 18~21 ℃为宜。舍内温度 25 ℃和 30 ℃时，采食量分别下降 10%和 35%，日增重下降。舍内温度降到 10 ℃时采食量增加 10%，降到 5 ℃时采食量增加 20%，降到 0 ℃时采食量增加 35%。

（五）适时出栏屠宰

90~100 千克体重时出栏，生长速度快，饲料利用率、屠宰率、产肉量和瘦肉率都比较高。

第七章 猪场生物安全体系

第一节 构建猪场生物安全体系

生物安全体系是指为了阻断病原体（病毒、细菌、真菌、寄生虫等）侵入动物群体，保证动物健康安全而采取的一系列疫病综合防控措施。生物安全体系的主要目的是给动物生长提供一个舒适的生活环境，从而提高动物机体的免疫力和抵抗力，同时最大限度地使动物远离病原体的攻击。

一、生物安全措施在养猪业中的应用

由于猪场因疾病而造成的损失往往会比采取防控措施所需的成本要大得多，所以应严格执行一套综合的生物安全措施，以最大限度地防止疾病的传入和在猪场内的传播，从而保证猪只的安全及猪肉的安全性，以提高养猪经济效益，促进养猪业的发展。

二、生物安全措施的核心内容

生物安全措施就是使养猪场对养猪业危害较大的常见传染病进行控制和净化，以降低疫病风险与用药成本。生物安全措施已经与药物治疗、疫苗免疫一样，成了疫病控制不可分割的一部分。生物安全措施的有效实施，可以为药物治疗和疫苗免疫提供一个良好的应用环境，使猪能获得药物治疗和疫苗免疫的最佳效

果，并减少其在饲养过程中的药物使用。

三、猪场生物安全措施的具体内容

(一) 控制环境，减少和消灭传染源

(1) 禁止从外地购买肉猪及相关的猪肉制品。

(2) 不得从健康状况不明的猪场购买种猪或商品猪。

(3) 病猪应及时隔离，及时治疗；死猪应焚烧或深埋处理。

(4) 活疫苗及使用后的空疫苗瓶不得随意丢弃，必须经高温、高压处理后深埋。

(5) 相邻猪场最好间隔 3 千米以上。如果间隔 3 千米以内，两个猪场应执行相同的免疫程序。

(6) 保育舍应建在上风口，化粪池及死猪处理坑应建在远离猪舍的下风口。

(7) 饲料走道（净道）与运粪道（污道）要分开。

(二) 控制人员、物品等带入疫病的渠道，切断传播途径

1. 人员

(1) 所有外出人员必须隔离 2 天或 2 天以上才能进入猪场。

(2) 凡是进入生产区的工作人员必须彻底淋浴，换上工作服后方可进入。

(3) 谢绝闲杂人员参观。

(4) 进入各个生产区的工作人员必须通过消毒池消毒。

(5) 参观时的顺序应该是先看保育舍，再看分娩舍、配种舍，最后看育肥舍。注意不得逆向参观。

(6) 各个生产区之间的饲养员和工作人员不得随意走动，相互串门。

(7) 猪场内的所有设备、通道、洗澡房每周至少消毒 1 次。

(8) 购猪人员不能进入装猪台，猪场的赶猪人员不能进入装猪车。

2. 车辆

（1）杜绝外来车辆进入生产区。

（2）运输饲料的车辆在进入生产区前要进行严格的清洗消毒。

（3）其他地区的装猪车进入装猪台前必须严格消毒，并且杜绝其进入生产区。

3. 工具

（1）即使是猪场内部使用的工具，如果要带入生产区，也必须经过严格的熏蒸消毒。

（2）注射用时必须做到每头猪换一个针头。

（3）各个生产区的工具必须单独使用，不得混用。

（4）必须采用全进全出的饲养制度。猪舍空舍后必须经高压水枪冲洗干净、彻底消毒、干燥后方可再进猪只。

（5）每次装猪完毕必须对装猪台进行严格的冲洗和消毒。

4. 其他动物及昆虫

（1）规模猪场内不得养狗、猫及其他宠物，以防传染性胃肠炎、猪痢疾、巴氏杆菌病、弓形体病、钩端螺旋体病等疾病的传播。

（2）猪场内不得同时饲养其他动物。

（3）猪场内要定时除蚊、蝇、老鼠。

5. 饲料

（1）选择合格的饲料厂，严防从饲料原料中带入污染源。

（2）谨慎使用动物制品，如肉骨粉、血粉等。

（3）所购饲料必须先放仓库中干燥消毒 1 周后方可使用。

（三）控制动物，降低动物的易感性

（1）进行适当的免疫接种，定期（至少 2 次/年）进行免疫监测；对猪场生产数据进行分析；对育肥猪屠宰时进行抗体跟踪监测。

（2）不能对病猪进行疫苗接种，必须待其康复后方可进行疫苗接种。

（3）疫苗接种时，要给予足够的免疫剂量，使用疫苗的同时不能使用抗生素类药物。

（4）根据猪的营养需求喂给全价配合饲料和干净充足的饮水。

（5）给猪群提供舒适的环境。

（6）病猪应及时隔离，并使用充足剂量的药物及时治疗。治愈的病猪不能返回原猪群，应该在隔离舍饲养。

（7）环境突然发生变化时，应在饲料和饮水中添加适量电解质和多种维生素等抗应激药物。

（8）规模化猪场引进新猪时，必须严格执行隔离与适应程序。

（9）在病猪治疗时能局部给药的不必使用全群给药，药物剂量不得随意更改。

（10）同一猪舍内要饲养年龄、体重大致相当的猪。要善待猪只，不得使用暴力。

第二节 猪场消毒

消毒的目的在于消灭被传染源散播于外界环境中的病原体，以切断传播途径，阻止疫病的继续蔓延。良好的消毒工作可以起到降低疫病的发生率、提高猪只生产性能水平和生产效率以及提高经济效益的效果。

一、消毒时间

猪场消毒分为预防消毒、紧急消毒和终末消毒。

(一) 预防消毒

为了预防各种传染病的发生，对猪场环境、猪的圈舍、设备、用具、饮水等进行的常规性、长期性、定期或不定期的消毒工作；或对健康的动物群体或隐性感染的群体，在没有被发现有某种传染病或其他疫病的病原体感染情况下，对可能受到某些病原体或其他有害病原体污染的环境、物品进行严格的消毒，称为预防消毒。预防消毒是猪场的常规性工作之一，是预防猪的各种传染病的重要措施。另外，猪场的附属部门，如兽医站，门卫，提供饮水、饲料、运输车等部门的消毒均为预防消毒。

1. 经常性消毒

经常性消毒指在未发生传染病的条件下，为了预防传染病的发生，消灭可能存在的病原体，根据日常管理的需要进行的消毒工作。消毒的主要对象是接触面广、流动性大、易受病原体污染的器物、设施和出入猪场的人员、车辆等。在场舍入口处设消毒池和紫外线杀菌灯，是最简单易行的经常性消毒方法，人员或猪群出入时，踏过消毒池内的消毒剂以杀死病原体。消毒池须由兽医管理，定期清除污物，更换新配制的消毒剂。另外，进场时人员经过淋浴并且更换场内经紫外线消毒后的衣帽，再进入生产区，也是一种行之有效的预防措施，即使对要求极严格的种猪场，淋浴也是预防传染病发生的有效方法。

2. 定期消毒

定期消毒指在未发生传染病时，为了预防传染病的发生，对于有可能存在病原体的场所或设施如圈舍、栏圈、设备用具等进行的固定时间的消毒工作。当猪群出售，猪舍空出后，必须对猪舍及设备、设施进行全面清洗和消毒，以彻底消灭微生物，使环境保持清洁卫生。

（二）紧急消毒

紧急消毒指在疫情暴发和流行过程中，对猪场、圈舍、排泄物、分泌物及污染的场所及用具等及时进行的消毒。其目的是在最短的时间内，隔离消灭传染源散播在外界环境中的病原体，切断传播途径，防止传染病的扩散蔓延，把传染病控制在最小区域范围内。

（三）终末消毒

终末消毒指猪场发生传染病以后，待全部病猪处理完毕，即当猪群痊愈或最后一只病猪死亡后，经过 2 周再没有新的病例发生，在疫区解除封锁之前，为了消灭疫区内可能残留的病原体所进行的全面彻底的消毒。即对被发病猪所污染的圈舍、物品、工具及周围空气等整个被传染源所污染的外环境及其分泌物或排泄物所进行全面彻底的消毒。

二、消毒方法

在猪场消毒的过程中，采用的消毒方法分为物理消毒法、化学消毒法和生物消毒法。

（一）物理消毒法

物理消毒法是指应用物理因素杀灭或消除病原体的方法。猪场物理消毒法主要包括机械性消毒（清扫、擦抹、刷除、高压水枪冲洗、通风换气等）、紫外线消毒、高温消毒（干热、湿热、蒸煮、煮沸、火焰焚烧等），这些方法是较常用的简便经济的消毒方法，多用于猪场的场地、猪舍设备、各种用具的消毒。

（二）化学消毒法

化学消毒法是利用化学药物杀灭病原体的方法，是生产中最常用的消毒方法，主要应用于猪场内外环境、猪舍、饲槽、各种物品用具表面、饮水的消毒等。因病原体的形态、生长、繁殖、致病力、抗原性等的不同，各种化学药物对病原体的影响也不相同。即使是同一种化学药物，其浓度、温度、作用时间的长短及作用对象等的不同，也表现出不同的抑菌和灭菌的效果。生产中，根据不同的消毒对象，选用不同的化学药物进行清洗、浸泡、喷洒、熏蒸，以杀灭病原体。

1. 消毒剂

用于杀灭或清除病原体或其他有害病原体的化学药物称为消毒剂，包括杀灭无生命物体上的病原体和生命体皮肤、黏膜、浅表体腔病原体的化学药品。

（1）消毒剂作用机理。使病原体蛋白变性、发生沉淀，如酚类、醇类、醛类等，此类药物仅适用于环境消毒；干扰病原体的重要酶系统，影响菌体代谢，如重金属盐类、氧化剂和卤素类消毒剂；增加菌体细胞膜的通透性，如目前广泛使用的双链季铵盐类消毒剂。

（2）消毒剂类型及特性。按用途分为环境消毒剂和带畜（禽）体表消毒剂；按杀菌能力分为灭菌剂、高效消毒剂、中效消毒剂、低效消毒剂。

在化学消毒剂长期应用的实践中，单方消毒剂已不能满足各行各业消毒的需要。近年来，国内外相继有数百种新型复方消毒剂，提高了消毒剂的质量、应用范围和使用效果。复方消毒剂配伍类型主要有两大类：一类是消毒剂与消毒剂，两种或两种以上消毒剂复配，例如，季铵盐类与碘的复配、戊二醛与过氧化氢的复配，其杀菌效果达到协同和增效，即1+1>2；另一类是消毒剂与辅助剂，消毒剂加入适当的稳定剂、缓冲剂或增效剂，可以改善消毒剂的综合性能，如稳定性、腐蚀性、杀菌效果等，即1+

0>1。

2. 化学消毒的方法

常用的化学消毒的方法有清洗消毒法、浸泡消毒法、喷洒消毒法、熏蒸消毒法和气雾消毒法。

（1）清洗消毒法。用一定浓度的消毒剂对消毒对象进行擦拭或清洗，以达到消毒目的。常用于对猪舍地面、墙壁、器具进行消毒。

（2）浸泡消毒法。如接种或打针时，对注射局部用酒精棉球、碘酒擦拭；对一些器械、用具、衣物等的浸泡。一般应洗涤干净后再进行浸泡，药液要浸过物体，浸泡时间应长些，水温应高些。猪舍入口消毒池内，可用浸泡药物的草垫或草袋对工作人员的靴鞋消毒。

（3）喷洒消毒法。喷洒地面、墙壁、舍内固定设备等，可用细眼喷壶；对舍内空间消毒，则用喷雾器。喷洒要全面，药液要喷到物体的各个部位。一般喷洒地面，药液量为 2 升/米^2；喷墙壁、天棚，药液量为 1 升/米^2。

（4）熏蒸消毒法。这种方法适用于密闭的猪舍和饲料厂库等其他建筑物，简便、省事，对房屋结构无损，消毒全面，常用的药物有福尔马林、过氧乙酸溶液。为加速蒸发，常利用高锰酸钾的氧化作用。熏蒸时，猪舍及设备必须清洗干净，猪舍要密封，不能漏气。物理状态影响消毒剂的渗透，只有溶液才能进入病原体体内，发挥应有的消毒作用，而固体和气体则不能进入病原体细胞中，因此，固体消毒剂必须溶于水中，气体消毒剂必须溶于病原体周围的液层中，才能发挥作用。所以，使用熏蒸消毒法时，增加湿度有利于消毒效果的提高。

（5）气雾消毒法。气雾是消毒剂倒进气雾发生器后喷射出的雾状微粒，是消灭气携病原体的理想办法，常用于猪舍的空气消毒和带猪消毒等。

(三) 生物消毒法

生物消毒法是利用自然界中广泛存在的微生物在氧化分解污物 (如垫草、粪便等) 中的有机物时所产生的大量热能来杀死病原体。在猪场中最常用的是粪便和垃圾的堆积发酵,它是利用嗜热细菌繁殖产生的热量来杀灭病原体。

三、不同消毒对象的消毒

(一) 人员消毒

工作人员进入生产区净道或猪舍前要经过淋浴更衣、消毒池、紫外线消毒等。猪场一般谢绝参观,严格控制外来人员随意进入。

(二) 环境消毒

猪舍周围环境每 2~3 周用 2% 氢氧化钠溶液消毒或撒生石灰 1 次,猪场周围及场内污水池、排粪坑、下水道出口,每月用漂白粉消毒 1 次。在猪场门口设消毒池,使用 2% 氢氧化钠溶液或 5% 来苏尔,注意定期更换消毒剂。每隔 1~2 周,用 2%~3% 氢氧化钠溶液喷洒消毒通道;用 2%~3% 氢氧化钠溶液、3%~5% 福尔马林或 0.5% 过氧乙酸溶液喷洒消毒场地。

(三) 猪舍消毒

每批猪只调出后要彻底清扫干净猪舍,用高压水枪冲洗,然后进行喷洒消毒法或熏蒸消毒法。消毒顺序:先喷洒地面;然后喷洒墙壁,用清水刷洗饲槽,将消毒药味除去;最后开门窗通风,在进行猪舍消毒时,也应将附近场院以及猪污染的地方和物品同时进行消毒。

(四) 带猪消毒

1. 一般性带猪消毒

定期进行带猪消毒,有利于减少环境中的病原体。猪体消毒常用气雾消毒法，即将消毒剂用压缩空气雾化后，喷到猪只体表上，以杀灭和减少体表、猪舍内空气中的病原体。此法既可减少猪体及环境中的病原体，净化环境，又可减少舍内尘埃，夏季还有降温作用。常用的药物有 0.2%~0.3% 过氧乙酸溶液，用药量为 20~40 毫升/米³，也可用 0.2% 次氯酸钠溶液或 0.1% 苯扎溴铵溶液。为了减少对工作人员的刺激，工作人员在消毒时可佩戴口罩。

2. 不同类别猪的保健消毒

妊娠母猪在分娩前 5 天，工作人员最好用热毛巾对其全身皮肤进行清洁，然后用 0.1% 高锰酸钾溶液擦洗全身，在临产前 3 天再消毒 1 次，重点要擦洗外阴和乳头，保证仔猪在出生后和哺乳期间免受病原体的感染。

3. 哺乳期母猪的乳房要定期清洗和消毒

新生仔猪在分娩后，工作人员要用热毛巾对其全身皮肤进行擦洗，保证舍内温度在 25 ℃ 以上，然后用 0.1% 高锰酸钾溶液擦洗全身，再用毛巾擦干。

（五）用具消毒

定期对保温箱、补料槽、饲料车、料箱、针管等进行消毒。一般先将用具冲洗干净，再用 0.1% 苯扎溴铵或 0.2%~0.5% 过氧乙酸溶液消毒，最后在密闭的室内进行熏蒸。

（六）粪便消毒

患传染病和寄生虫病猪的粪便消毒方法有多种，如焚烧法、化学药品法、掩埋法和生物热消毒法等。实践中最常用的是生物热消毒法，此法能使非芽孢病原体污染的粪便变为无害粪便，且不丧失肥料的应用价值。

（七）垫料消毒

对于猪场的垫料，可以通过阳光照射的方法进行消毒。这是一种最经济、最简单的方法，将垫料放在烈日下，暴晒 2~3 小时，能杀灭多种病原体。如果垫料较少，可以直接用紫外线灯照射 1~2 小时，可以杀灭大部分病原体。

第三节　免疫接种

一、免疫接种的概念与类型

免疫接种是根据特异性免疫的原理，采用人工方法给易感动物接种疫苗、类毒素或免疫血清等生物制品，使机体产生对相应病原体的抵抗力（即主动免疫或被动免疫），易感动物也就转化为非易感动物，达到保护个体和群体、预防和控制疫病的目的。

免疫失败就是进行了免疫，但猪群或猪只个体不能获得抵抗感染的足够保护力，仍然发生相应的亚临床型疾病甚至临床型疾病。

免疫接种分为预防免疫接种、紧急免疫接种和临时免疫接种。

二、制订免疫程序

以下免疫程序仅供参考。

（一）种公猪免疫程序

（1）每年春、秋季各肌内注射 1 次猪瘟猪肺疫两联苗。

（2）每年春、秋季各肌内注射 1 次猪丹毒疫苗。

（3）每年肌内注射 1 次猪细小病毒疫苗。

（4）每年在右侧胸腔注射 1 次猪气喘病疫苗。

（5）每年 4—5 月注射 1 次乙型脑炎弱毒疫苗。

（6）每年春、秋季各注射 1 次猪口蹄疫 O 型灭活疫苗。

（二）种母猪免疫程序

（1）每年春、秋季各肌内注射 1 次猪瘟猪肺疫两联苗。

（2）每年春、秋季各肌内注射 1 次猪丹毒疫苗。

（3）每年肌内注射 1 次猪细小病毒疫苗。

（4）每年在右侧胸腔注射 1 次猪气喘病疫苗。

（5）每年 4—5 月注射 1 次猪乙型脑炎弱毒疫苗。

（6）每年春、秋季各注射 1 次猪传染性萎缩性鼻炎疫苗。

（7）每年春、秋季各肌内注射 1 次猪口蹄疫 O 型灭活疫苗。

（8）妊娠母猪于产前 40~42 天和产前 15~20 天各注射 1 次仔猪下痢菌苗以预防仔猪黄痢。

（9）妊娠母猪于产前 30 天和产前 15 天各注射 1 次仔猪红痢菌苗以预防仔猪红痢。

（三）仔猪免疫程序

（1）20 日龄和 70 日龄各肌内注射 1 次猪瘟猪肺疫两联苗或在初生未吃初乳前立即接种 1 次。

（2）断乳时（30~35 日龄）口服或肌内注射 1 次仔猪副伤寒疫苗。

（3）断乳时（30~35 日龄）和 70 日龄各肌内注射 1 次猪丹毒疫苗。

（4）7~15 日龄在右侧胸腔注射 1 次猪气喘病疫苗。

（5）60 日龄肌内注射 1 次猪口蹄疫 O 型灭活疫苗。

（6）70 日龄肌内注射 1 次猪传染性萎缩性鼻炎。

（四）后备猪免疫程序

（1）配种前 1 个月肌内注射 1 次猪瘟猪肺疫两联苗，选作种猪时再接种 1 次。

（2）配种前 1 个月肌内注射 1 次猪细小病毒疫苗。

（3）后备母猪 4~5 月龄和配种前各肌内注射 1 次猪乙型脑

炎弱毒疫苗。

（4）60日龄肌内注射1次猪口蹄疫O型灭活疫苗，选作种猪时再肌内注射1次。

第四节　定期驱虫

寄生虫病是猪场的隐形杀手。不管是规模化猪场还是中、小型猪场，寄生虫病是无处不在的。猪感染寄生虫后可以引起营养物质吸收的减少，生长速度或生产性能降低，而且某些寄生虫感染可在某些程度上引起免疫抑制，影响猪场的效益。因此，必须实施定期驱虫工作。

一、猪的寄生虫病及危害

寄生虫病可分为体内寄生虫和体外寄生虫两大类。

（一）体内寄生虫

体内寄生虫主要有蛔虫、鞭虫、结节线虫、肾线虫、肺丝虫等，这几种体内寄生虫对猪的危害均较大，成虫与猪争夺营养成分，移行幼虫破坏猪的肠壁、肝和肺的组织结构和生理机能，造成猪日增重减少、抗病力下降、怀孕母猪胎儿发育不良，甚至造成隐性流产、新生仔猪体重小和窝产仔数减少等，对养猪业危害极大。

（二）体外寄生虫

体外寄生虫主要有螨、虱、蜱、蚊、蝇等，其中以螨对猪的危害最大，除干扰猪的正常生活、降低饲料报酬和影响猪的生长速度以及猪的整齐度，还是很多疾病如猪乙型脑炎、猪细小病毒病、猪附红细胞体病等的重要传播者，给养猪业造成严重的经济损失。

二、引发寄生虫病的原因

猪场管理粗放、环境卫生不良和饲料污染等易引发猪的寄生虫疾病。

猪场管理粗放，人员、车辆来往频繁，猫、狗、鸡、鸽子、老鼠及野生动物到处流窜，将一些寄生虫直接或间接传播给猪，如猪囊虫病、弓形体病等疾病。

猪舍环境卫生不良，潮湿、通风不良，易诱发疥疮等皮肤寄生虫病；猪舍内外粪尿不及时清理、消毒，卫生极差，易滋生虱、蜱、蚊、蝇等叮咬猪体，传染某些细菌和病毒等病原体，从而导致猪发生疾病。

饲料污染使猪抵抗力降低，易引发寄生虫病。

三、驱虫药物及其使用方法

(一) 常用的驱虫方法

在养殖过程中，猪只驱虫主要有以下 4 种方法。

1. 不定期驱虫方法

不定期驱虫方法是指将发现猪群感染寄生虫病的时间确定为驱虫时期，针对所发现的寄生虫种类选择驱虫药物进行驱虫。大部分猪场都采用这种驱虫方法，在中、小型养猪场（户）使用较常见。该方法便于操作，但驱虫效果不明显。

2. 一年两次驱虫方法

一年两次驱虫方法是指在每年春季（3—4 月）进行第 1 次驱虫，秋、冬季（10—12 月）进行第 2 次驱虫，每次都对全场所有存栏猪进行全面用药驱虫。该模式在较大规模猪场使用较多，操作简便，易于实施。但是，由于驱虫的时间间隔达半年之久，连生活周期长达 2.5~3.0 个月的蛔虫，在理论上也能完成 2

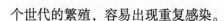

个世代的繁殖，容易出现重复感染。

3. 阶段性驱虫方法

阶段性驱虫方法是指在猪的某个特定阶段进行定期用药驱虫。种母猪产前 15 天左右驱虫 1 次、保育仔猪阶段驱虫 1 次；后备种猪转入种猪舍前 15 天左右驱虫 1 次；种公猪每年驱虫 2~3 次。

4. "四加一"驱虫方法

"四加一"驱虫方法是当前最流行的驱虫方法。即种公猪、种母猪每季度驱虫 1 次（即 1 年 4 次），每次用药拌料连喂 7 天；后备种猪转入种猪舍前驱虫 1 次，用药拌料连喂 7 天；初生仔猪在保育阶段 50~60 日龄驱虫 1 次，用药拌料连喂 7 天；引进猪混群前驱虫 1 次，用药拌料连喂 7 天。这种模式直接针对寄生虫的生活史、在猪场中的感染分布情况及主要散播方式等重要内容，重新构建了猪场驱虫方案。其特点是加强对猪场种猪的驱虫强度，从源头上杜绝了寄生虫的传播，起到了全场逐渐净化的效果，考虑了仔猪对寄生虫最易感染这一情况。在保育阶段后期或进入生长舍时驱虫 1 次，能帮助仔猪安全度过易感期；依据猪场各种常见寄生虫的生活史与发育期所需的时间，种猪每隔 3 个月驱虫 1 次。如果选用药物得当，可对蛔虫、毛首鞭形线虫起到在其成熟前驱杀的作用，从而避免排出虫卵而污染猪舍，减少重复感染的机会。因此，该模式是当前比较理想的猪场驱虫模式。

（二）驱虫药的选择

由于不同种类的寄生虫在猪体内存在交叉感染和混合感染的情况，而且不同药物对不同寄生虫的驱杀效果也不尽相同，因此选择合适的驱虫方法和药物来控制寄生虫非常重要。选择药物要坚持操作方便、高效、低毒、广谱、安全的原则。

目前驱虫药的种类主要有敌百虫、左旋咪唑、伊维菌素、阿

维菌素、阿苯达唑、芬苯达唑等。伊维菌素、阿维菌素对驱除疥螨等寄生虫效果较好，而对猪体内移行期的蛔虫幼虫、毛首鞭形线虫效果较差。阿苯达唑、芬苯达唑对线虫、吸虫、鞭虫及其移行期的幼虫、绦虫等均有较强的驱杀作用。猪一般为多种寄生虫混合感染，因此在选择药物时应选用广谱复方药物，才能达到同时驱除体内外各种寄生虫的目的。

（三）驱虫药使用方法

群养猪用药，应先计算好用药量，将驱虫药粉剂（片剂要先研碎）均匀拌入饲料中。驱虫期一般为 6 天，即驱虫药要连续喂 6 天。

驱虫宜在晚上进行。为便于驱虫药物的吸收，喂给驱虫药前，猪停喂 1 顿。傍晚 6—8 点将药物与少量精饲料拌匀，让猪一次吃完。若猪不吃，可在饲料中加入少量盐水或糖精。

（四）驱虫注意事项

（1）要在固定地点圈养饲喂，以便对场地进行清理和消毒。

（2）及时将粪便清除出去，并集中堆积发酵或焚烧、深埋。圈舍要清洗消毒，以防止排出的虫体和虫卵又被猪食入，导致再次感染。

（3）给药后应仔细观察猪对药物的反应。若出现呕吐、腹泻等症状，应立即将猪赶出栏舍，让其自由活动，缓解中毒症状。严重的猪可饮服煮至六成熟的绿豆汤。拉稀的猪，取木炭或锅底灰 50 克，拌入饲料中喂服，连服 2~3 天。

（4）为了防止交叉感染和重复感染，达到彻底驱虫的目的，猪场必须采用全群覆盖驱虫，对猪场里所有的猪只进行全场同步驱虫。所以药物必须满足同时适用于公猪、怀孕母猪、育肥猪及断奶仔猪等各个生长阶段猪的安全需要，并且不会引起流产及中毒。

（5）无论采用哪种驱虫模式，都要求定期进行。不能明显看见猪体有寄生虫感染后才进行驱虫，或者是抱着一劳永逸的想法，认为驱虫一次就可高枕无忧。同时，猪场应做好寄生虫的监测，采用全进全出的饲养方式，搞好猪场的清洁卫生和消毒工作，严禁饲养猫、狗等宠物。

第五节　无害化处理病死猪

病死猪应及时按照国家有关规定进行无害化处理，以免造成二次污染。无害化处理病死猪的方式有多种，如专业化尸池（毁尸坑）处理、湿化焚烧处理、深埋处理。其中，专业化尸池处理和深埋处理，化尸速度慢，长期使用存在对周边土壤造成二次污染的风险。湿化焚烧处理效果好，但成本较高且效率低。因此，推荐使用发酵堆肥处理法和生物化尸机（有机废弃物处理机）处理法。

一、发酵堆肥处理法

在距离猪舍 60 米以上，避开水源和低洼地带建设发酵堆肥场。初期地面铺一层 30 厘米厚的木屑，如果处理大于 100 千克的猪要铺更厚的木屑，堆一层尸体后在其表面上至少覆盖一层 20 厘米厚的木屑。如靠墙边，应留 30 厘米的距离，并填满木屑。如果处理 100 千克以上的猪，则猪只之间约留 30 厘米的间距。死胎、胎衣及哺乳仔猪可以群放，但应整齐地层层叠加安放并覆盖严密。堆肥期为 6 个月。在 3 个月时进行 2 次机械性翻动，重新分配多余水分，引入新的氧气供给，这样效果会更好。熟化的堆肥 50% 可再次利用，50% 另外处理，如还田作肥料或与粪便一起堆肥等。

控制影响堆肥效果的因素：保持堆料水分含量为 55%；保持堆料孔隙度为 40%；保持堆料理想温度 37.7～65.5 ℃；保持温度大于 55 ℃的天数至少 5 天。

发酵堆肥处理法的优点：无二次污染，处理效果良好；简单易学，易管理；初期投入及运行费用低廉；大小猪场均可实施。发酵堆肥处理法的缺点：需要大量碳原料，全程要管理和监控；要设置防护栏，防止狗等叼走病死猪。

二、生物化尸机处理法

将病死猪、胎衣、胎盘等有机废弃物投入生物化尸机中，按比例加入辅料和耐高温的生物酵素。经生物化尸机切割、粉碎、高温分解发酵、高温灭菌、烘干处理 48～72 小时（12 小时杀菌和生物降解，24 小时后物料呈流质状，48 小时后物料呈粉末状），生成无害的粉状有机肥料。辅料主要为木屑、谷壳糠、麸皮等。

生物化尸机处理法的优点：整个生产处理过程无烟、无臭、无污水排放、占用场地小、处理过程卫生清洁；能将病死猪等有机废弃物转化为有一定价值的有机肥料，实现综合利用的目的，避免了对环境造成二次污染的风险。生物化尸机处理法的缺点：一次性投入大，运行成本相对较高。

第八章　猪常见疾病的防治技术

第一节　传染性疾病

一、猪痘

猪痘是一种急性、热性、接触性、病毒性传染病，多发生于4~6周龄的仔猪及断奶仔猪。猪舍潮湿卫生条件差、阴雨寒冷天气时猪易发此病。

（一）临床症状

本病的主要特征是皮肤上出现痘疮，其经过为发疹、丘疹、水疱、脓疱，最后形成痂皮而痊愈。

病初患病猪体温升高，精神不振，食欲减退，鼻眼有浆液性分泌物，以后在鼻盘、眼皮、肢内侧及下腹部等被毛稀少的部分出现深红色的结节，突出于皮肤表面，略呈半球状，表面平整（发疹期），然后逐渐变大，形成水疱（水疱期）。之后水疱中心呈褐色至茶褐色，周围呈红色的脓疱（脓疱期）。自然病例几乎观察不到水疱。最后，病灶表面凝固，形成暗褐色痂皮（结痂期）。痂皮脱落后，遗留白色疱痕而痊愈（痊愈期）。若病变部发痒时常摩擦致使水疱破裂，有浆液或血液渗出，局部黏附泥土、垫草，结成厚痂使皮肤如皮革状，病程因此可延长。发病猪几乎不死亡，但若有重度细菌感染和环境恶化时可出现死亡。

（二）防治措施

（1）本病目前尚无疫苗预防，康复猪可获得较强的免疫力。

（2）对病猪无有效的药物治疗，为了防止继发感染，可用敏感抗生素。局部病变可用 0.1%高锰酸钾溶液洗涤，擦干后涂抹甲紫溶液或碘甘油等。

（3）加强饲养管理，保持良好的环境卫生，搞好灭虱、灭蝇、灭蚊工作。严禁从疫区引进种猪，一旦发病，应立即隔离和治疗病猪。猪皮肤上的痂皮等污物，要集中一起堆积发酵处理，污染的场所要严格消毒。

二、猪瘟

猪瘟又称烂肠瘟，是由猪瘟病毒引起的一种急性、热性、接触性传染病。

（一）临床症状

潜伏期为 5~7 天。病猪发热，体温升高可达 41 ℃左右，弓背，打冷战，扎堆取暖，精神沉郁，食欲减退或不食，眼结膜发红，有眼屎，走路摇晃不稳，常常伴有咳嗽。病初粪便干燥，后期腹泻。公猪包皮积尿，皮肤出现大小不一的紫色或红色出血点，指压不褪色，严重时出血点遍及全身。有的病猪出现神经症状，转圈或突然倒地、痉挛，甚至死亡。

（二）防治措施

本病目前尚无特效药物，防治主要靠免疫接种和综合防治措施。免疫接种可采用超前免疫方案，即在仔猪吃初乳前进行首次接种 1~2 头份，以后在 20 日龄、60~65 日龄各注射 1 次；种猪每年春、秋季各免疫 1 次。发生疫情后，对疫区和受威胁区采用紧急接种，剂量增加至 2~5 头份。综合性防治措施，主要是采取自繁、自养，保持环境卫生。

三、非洲猪瘟

非洲猪瘟是由非洲猪瘟病毒引起的一种急性、致死性传染病，发病急、病程短、死亡率极高，其临床症状和病理变化和猪瘟相似，猪全身各器官有明显的出血现象。2018 年 8 月，我国首次暴发非洲猪瘟。

（一）临床症状

猪呼吸道和消化道是非洲猪瘟病毒侵入的主要门户。根据非洲猪瘟病毒的毒力、感染剂量、感染途径和猪群健康状况的不同，潜伏期有所差异，一般为 5～19 天，最长可达 21 天，临床症状可分为最急性型、急性型、亚急性型或慢性型。

最急性型在无明显临床症状表现时就突然倒地死亡。

急性型表现为发病猪群采食减少，体温高达 40～42 ℃，呼吸困难，眼鼻有浆液性或黏液性脓性分泌物，有的病猪眼黏膜潮红，渗出性出血，皮肤发红、发绀和出血，有时可见呕吐和腹泻，甚至血便。临床症状出现后 5～10 天内死亡，死亡率高达 100%。

亚急性型或慢性型多表现为关节肿大，跛行，皮肤溃疡，消瘦，妊娠母猪流产等，可能出现症状缓解或耐过猪，但在猪群健康度变低、环境改变、应激等条件下会发生病情加重甚至死亡等问题。病程长的猪胸腹部、会阴、四肢、耳朵等部位的皮肤常出现出血性坏死斑块。

（二）防治措施

对来自疫区的车、船、飞机卸下的肉食品废料、废水，应就地进行严格的无害化处理，不可用作饲料。不准从发病地区进口猪和猪产品，对进口的猪和猪产品进行严格检疫，以预防疫病的传入。猪群中发现可疑病猪时，应立即封锁；确诊之后，全群扑杀销毁，彻底消灭传染源；场舍、用具彻底消毒，该场地暂不养猪，改作他用，以杜绝传染。

在没有安全有效的非洲猪瘟疫苗保护易感猪只的情况下，防控非洲猪瘟只能依靠控制传染源与切断传播途径的猪场生物安全措施。实践证明，经过改造的生物安全设备设施与升级的生物安全流程，可以有效地减少非洲猪瘟的感染。

四、猪口蹄疫

口蹄疫是猪、牛、羊等偶蹄动物的一种急性、热性和接触传染性疾病，人可以感染，所以是一种人畜共患病。

（一）临床症状

病猪初期体温升高到 40～41 ℃，减食或停食，继而蹄冠、趾间部发红，以后形成黄豆、蚕豆大小充满灰白色或黄色液体的水疱，水疱破溃后形成暗红色烂斑，病程为 1 周左右，无继发感染可康复，若继发细菌感染，则会出现局部化脓性坏死，蹄壳脱落。有些猪感染后鼻镜、口腔黏膜和乳房也出现水疱和烂斑。仔猪感染后，常因继发严重的心肌炎和胃肠炎而死亡。

（二）防治措施

疫区和受威胁区可用灭活疫苗预防，肌内或后海穴注射。平时要加强检疫，发现疫情及时上报。病猪和同群猪一律扑杀作无害化处理，不准治疗，并严格封锁疫区，加强消毒，防止扩散。

五、猪丹毒

猪丹毒是由猪丹毒杆菌引起的一种急性、热性传染病，主要发生于 3～12 月龄猪，常为散发或地方性流行，有一定的季节性，北方以炎热、多雨季节多发，南方以冬、春季流行。

（一）临床症状

猪丹毒通常分为急性败血型、亚急性疹块型、慢性关节

炎型。

急性败血型：体温升高达 42 ℃以上，个别猪没有症状突然死亡，其他病猪表现发抖、呕吐，皮肤有红斑，指压褪色，病程3~4 天，致死率达 80%~90%，不死者就转为慢性。刚断奶小猪表现为突然发病，出现神经症状，抽搐，倒地而死亡，病程在 1 天之内。

亚急性疹块型：体温升高达 41 ℃，病情缓和，病后 2~3 天在背、颈、胸、腹、四肢外侧等处皮肤出现大小不等、形状不一的疹块，初为红色、指压褪色，后为紫红色、指压不褪色，这时体温开始下降，病情减轻，数日后，最多 2 周，病猪自行康复。

慢性关节炎型：一般由前两者转变而来，也有原发的，主要表现为慢性关节炎，慢性心内膜炎，皮肤坏死，四肢关节肿大、变形、疼痛和跛行，病程可达数月。

（二）防治措施

（1）加强饲养管理，做好定期消毒工作，增强机体抵抗力。定期用猪丹毒弱毒菌苗或猪瘟猪丹毒猪肺疫三联冻干疫苗免疫接种。仔猪在 60~75 日龄时皮下或肌内注射猪丹毒氢氧化铝甲醛菌苗 5 毫升，3 周后产生免疫力，免疫期为半年，以后每年春、秋季各免疫 1 次。

（2）治疗时，首选药物为青霉素，对败血症猪最好首先用青霉素注射剂，按每千克体重 2 万~3 万国际单位静脉注射，每天 2 次。

六、猪副伤寒

猪副伤寒又称猪沙门氏菌病，是由沙门氏菌属细菌引起仔猪的一种传染病。各种日龄猪均可感染本病，但多发生于断乳至 4 月龄的仔猪。一年四季均可发生本病，但以多雨潮湿的季节发生较多。

（一）临床症状

本病潜伏期为数天，或长达数月，与猪体抵抗力及细菌的数量、毒力有关。临床上分急性型、亚急性型和慢性型。

急性型又称败血型，多发生于断乳前后的仔猪，常突然死亡。病程稍长者，表现体温升高（41~42℃），腹痛，下痢，呼吸困难，耳根、胸前和腹下皮肤有紫斑，多以死亡告终。病程1~4天。

亚急性型和慢性型为常见病型。表现体温升高，眼结膜发炎并有脓性分泌物。初便秘后腹泻，排灰白色或黄绿色恶臭粪便。病猪消瘦，皮肤有痂状湿疹。病程持续可达数周，终至死亡或成为僵猪。

（二）防治措施

采取良好的兽医生物安全措施，实行全进全出的饲养方式，控制饲料污染，消除发病诱因，是预防本病的重要环节。对1月龄以上的仔猪肌内注射仔猪副伤寒弱毒冻干疫苗进行预防。病猪隔离饲养，最好根据药敏试验结果，选用敏感抗生素治疗。污染的圈舍用20%石灰乳或2%氢氧化钠溶液消毒。治愈的猪仍可带菌，不能与无病猪群混养。

七、猪水疱病

猪水疱病是由一种肠道病毒引起的急性、热性、接触性传染病，临床上以口腔黏膜、蹄部、腹部和乳头皮肤发生水疱为特征。各种日龄、品种的猪均可发病。一年四季都可发生本病，但以冬、春季发生较多。

（一）临床症状

临床上一般将本病分为典型、温和型和亚临床型。

1. 典型水疱病

典型水疱病的水疱常见于主趾和附趾的蹄冠上。部分猪体温升高至 40~42 ℃，上皮苍白肿胀，在蹄冠和蹄踵的角质与皮肤接合处首先见到水疱。在 36~48 小时，水疱明显凸出，大小如黄豆至蚕豆不等，里面充满水疱液，继而水疱融合，很快发生破裂，形成溃疡，真皮暴露，形成鲜红颜色。病变常环绕蹄冠皮肤的蹄壳，导致蹄壳裂开，严重时蹄壳脱落。病猪疼痛剧烈，跛行明显。严重病例由于继发细菌感染，局部化脓，导致病猪卧地不起或呈犬坐姿势，用膝部爬行，食欲减退，精神沉郁。水疱有时也见于鼻盘、舌、唇和母猪的乳头上。仔猪多数病例在鼻盘上发生水疱。一般情况下，如无其他并发疾病，不易引起死亡，病猪康复较快，病愈后 2 周，创面可痊愈，如蹄壳脱落，则需要相当长的时间才能恢复。初生仔猪发生本病可引起死亡。有的病猪偶尔可出现中枢神经系统紊乱的症状，表现为前冲、转圈，用鼻摩擦或用牙齿咬用具，眼球转动，个别出现强直性痉挛。

2. 温和型水疱病

温和型水疱病表现为只有少数猪出现水疱，传播缓慢，症状轻微。

3. 亚临床型水疱病

亚临床型水疱病不表现任何临床症状，但能排出病毒。

(二) 防治措施

控制本病的重要措施是防止将病带到非疫区。不从疫区调入猪只和猪肉产品。运猪和饲料的交通工具应彻底消毒。泔水等要经无害化处理后方可喂猪，猪舍内应保持清洁、干燥，平时加强饲养管理，减少应激，加强猪只的抵抗力。

加强检疫、隔离、封锁制度：检疫时应做到两看（看食欲和跛行），三查（查蹄、口、体温）。隔离应至少 7 天未发现本病方可并入或调出，发现病猪就地处理，对其同群猪同时注射高免血清，并上报、封锁疫区。封锁期限一般以最后一头病猪恢复后14 天才能解除，解除前应彻底消毒 1 次。

免疫预防：我国目前制成的猪水疱病灭活疫苗，平均保护率达 96.15%，免疫期 5 个月以上。在商品猪中应用，可控制疫情、减少发病，避免大的损失。

常用消毒药：0.5%农福、0.5%菌毒敌、5%氨水、0.5%次氯酸钠溶液等均有良好消毒效果。或将氧化剂、酸、去垢剂适当混合也能有效消毒。对于畜舍消毒还可用高锰酸钾、去垢剂的混合液。

八、猪伪狂犬病

伪狂犬病是由伪狂犬病病毒引起的多种家畜和野生动物的一种急性传染病。猪是该病毒的自然宿主和储存者，仔猪和其他易感动物一旦感染该病，死亡率高达 100%。成年母猪和公猪多表现为繁殖障碍及呼吸道症状。本病一年四季都可发生，但以冬、春季和产仔旺季多发。

(一) 临床症状

猪伪狂犬病的临床症状主要取决于感染病毒的毒力和感染量，以及感染猪的年龄。其中，感染猪的年龄是最主要的影响因素。与其他动物的疱疹病毒一样，幼龄猪感染伪狂犬病毒后病情最重。

新生仔猪感染伪狂犬病毒会引起大量死亡，临床上新生仔猪第 1 天表现正常，从第 2 天开始发病，3~5 天内是死亡高峰期，有的整窝死光。同时，发病仔猪表现出明显的神经症状、昏睡、呕吐、拉稀，一旦发病，1~2 天内死亡。剖检结果主要是肾脏布满针尖样出血点，有时可见肺水肿、脑膜表面充血、出血。15

日龄以内的仔猪感染本病，病情极严重，发病死亡率可达100%。仔猪感染伪狂犬病毒会突然发病，体温上升达41℃以上，精神极度委顿，发抖，运动不协调，痉挛，呕吐，腹泻，极少康复。断奶仔猪感染伪狂犬病毒，发病率在20%~40%，死亡率在10%~20%，主要表现为神经症状，拉稀、呕吐等。成年猪一般为隐性感染，若有症状也很轻微，易于恢复，主要表现为发热、精神沉郁，有些病猪呕吐、咳嗽，一般于4~8天内完全恢复。怀孕母猪可发生流产、产木乃伊胎或死胎，其中以死胎为主，无论是头胎母猪还是经产母猪都发病，而且没有严格的季节性，但以寒冷季节即冬末春初多发。

伪狂犬病的另一发病特点是种猪不育症。母猪屡配不孕，返情率高达90%。此外，公猪感染伪狂犬病毒后，表现出睾丸肿胀、萎缩，丧失种用能力。

（二）防治措施

目前，对该病没有特效药物可以治疗。主要应以预防为主，对新引进的猪要进行严格的检疫，引进后要隔离观察、抽血检验，对检出阳性的猪要隔离、淘汰。猪场定期严格消毒，最好使用2%的氢氧化钠溶液或酚类消毒剂。猪场内严格灭鼠。

九、猪流行性感冒

猪流行性感冒是由猪流行性感冒病毒所引起的一种急性、高度接触性、传染性的呼吸道疾病，以突然发生、迅速传播为特征。

（一）临床症状

病猪体温突然升高至40.0~41.5℃，精神不振，食欲减退，结膜呈树枝状充血，咳嗽，腹式呼吸，鼻镜干燥，眼、鼻流黏液性分泌物，粪便干硬。随病情发展，病猪精神高度沉郁，蜷腹吊腰，低头呆立，喜横卧圈内。整个猪群迅速感染，病猪多聚在一起，扎堆伏卧，呼吸急促，咳嗽声接连不断。病程一般为5~7天，如无其他疾病并发，通常发病后5~7天快速痊愈；如有继发感染，病情加重，可导致死亡。

（二）防治措施

（1）因我国目前尚无猪场专用预防本病的有效疫苗，本病主要依靠综合措施进行控制，同时还要注意严格的生物安全。A型流感病毒存在种间传播，因此，应防止猪与其他动物，尤其是家禽的接触。

（2）发病时，应立即隔离病猪，加强护理，给予抗生素治疗，防止继发感染，对病猪用过的猪舍、饲槽等应进行严格消毒。

（3）平时应注意饲养管理和卫生防疫工作。在阴雨潮湿、秋冬气温发生骤然变冷时，应特别注意猪群的饲养管理和猪舍保温，保持猪舍清洁、干燥，避免受凉和过分拥挤。

十、流行性乙型脑炎

流行性乙型脑炎又称日本乙型脑炎，是由流行性乙型脑炎病毒引起的一种人畜共患传染病。蚊子是本病的传播媒介。各种日龄猪均可发病。

（一）临床症状

病猪突然发病，体温升高至41 ℃左右，呈稽留热，喜卧，食欲下降，饮水增加，尿深黄色，粪便干结混有黏液膜。部分病猪出现神经症状，后肢轻度麻痹或关节肿胀疼痛而出现跛行。妊娠母猪患病后常发生流产，出现死胎或木乃伊胎。患病公猪常发生睾丸炎，多为一侧性，初期睾丸肿胀，触诊有热痛感，数日后炎症消退，睾丸渐渐缩小、变硬，性欲减退，精液品质下降，失

去配种能力而被淘汰。

（二）防治措施

本病防治要从消灭传播媒介、猪群的免疫接种等方面入手。

1. 消灭蚊虫

这是防控本病流行的根本措施。要注意消灭蚊幼虫滋生地，疏通沟渠，填平洼地，排出积水。

2. 免疫接种

后备母猪配种前应进行基础免疫，每年应在蚊虫流行前1个月（一般在4月初）进行乙型脑炎弱毒疫苗免疫注射，间隔2周再注射1次（或7月再免疫1次）。

3. 消毒处理

猪圈、用具及被污染的场地要彻底消毒。死胎、胎盘和阴道分泌物都必须妥善处理。

十一、猪传染性萎缩性鼻炎

猪传染性萎缩性鼻炎是由支气管败血波氏杆菌和产毒多杀性巴氏杆菌引起的一种慢性呼吸道传染病，以猪鼻甲骨萎缩、鼻部变形及生长迟滞为主要特征。各种年龄猪均易感，其中2~5月龄猪多发，只有生后几天至几周的仔猪感染后才会出现鼻甲骨萎缩，较大的猪发生卡他性鼻炎和咽炎，成年猪多为隐性感染。

（一）临床症状

受感染的猪出现鼻炎症状，打喷嚏，呈连续或断续性发生，呼吸有鼾声。猪只常表现不安定，用前肢搔抓鼻部，或鼻端拱地，或在猪圈墙壁、饲槽边缘摩擦鼻部，并可留下血迹；从鼻部流出分泌物，分泌物先是透明黏液样，继之为黏液或脓性物，甚至流出血样分泌物，或引起不同程度的鼻出血。

在出现鼻炎症状的同时，病猪的眼结膜常发炎，从眼角不断流泪。由于泪水与尘土沾积，常在眼眶下部的皮肤上，出现一个半月形的泪痕湿润区，呈褐色或黑色斑痕，故有"黑斑眼"之称，这是具有特征性的症状。

有些病猪在鼻炎症状发生后几周，症状渐渐消失，并不出现鼻甲骨萎缩。大多数病猪，进一步发展引起鼻甲骨萎缩。当鼻腔两侧的损害大致相等时，鼻腔的长度和直径减小，使鼻腔缩小，可见到病猪的鼻缩短，向上翘起，而且鼻背皮肤发生皱褶，下颌伸长，上下门齿错开，不能正常咬合。当一侧鼻腔病变较严重时，可造成鼻子歪向一侧，甚至成45°歪斜。由于鼻甲骨萎缩，致使额窦不能以正常速度发育，以致两眼之间的宽度变小，头的外形发生改变。

病猪体温正常。生长发育迟滞，育肥时间延长。有些病猪由于某些继发细菌通过损伤的筛骨板侵入脑部而引起脑炎。发生鼻甲骨萎缩的猪群往往同时发生肺炎，并出现相应的症状。

（二）防治措施

引进猪时做好检疫、隔离，淘汰阳性猪。同时，改善环境卫生，消除应激因素，猪舍每周消毒2次。疫病常发区可应用猪传染性萎缩性鼻炎油佐剂二联灭活菌苗，妊娠母猪应在产前25~40天进行1次颈部皮下注射2毫升，仔猪于4周龄及8周龄各注射0.5毫升。治疗可使用链霉素、土霉素及磺胺类药物，或根据药敏试验结果，科学使用抗生素。

十二、猪繁殖与呼吸综合征

猪繁殖与呼吸综合征又称猪蓝耳病，是由猪繁殖与呼吸综合征病毒引起的一种高度传染性疾病，本病以妊娠母猪的繁殖障碍（流产、死胎、木乃伊胎）及仔猪的呼吸困难为特征。

（一）临床症状

本病临床症状以母猪的繁殖障碍和仔猪的呼吸困难为主。

1. 繁殖母猪

经产或初产母猪精神沉郁、食欲减退或不食、发热（40～41 ℃），少数母猪耳部、鼻盘、乳头、尾部、腿部、外阴等部位皮肤发紫，或见肢体麻痹，出现上述症状后，妊娠中后期的母猪发生流产，早产，产死胎、弱胎或木乃伊胎。弱胎生后不久即出现呼吸困难，一般 24 小时内死亡；或发生腹泻，脱水死亡；耐过者生长迟缓。

2. 种公猪

在急性发作的第 1 阶段，除厌食、精神沉郁、呼吸道临床症状外，公猪可能缺乏性欲和不同程度的精液质量降低。

3. 断奶前仔猪

几乎所有早产弱猪在出生后的数小时内死亡。多数初生仔猪表现为耳部发绀，呼吸困难，打喷嚏，肌肉震颤，嗜睡，后肢麻痹。吃奶仔猪吮乳困难，断奶前死亡率增加。

4. 断奶仔猪和育肥猪

断奶仔猪可表现为厌食、精神沉郁、呼吸困难、皮肤发绀、皮毛粗糙、发育迟缓及同群个头差异大等。育肥猪通常仅出现短时间的食欲不振、轻度呼吸系统症状及耳朵等末梢皮肤发绀现象。但在病程后期，断奶仔猪和育肥猪常常由于多种病原的继发感染（败血性沙门氏菌、链球菌性脑膜炎、支原体肺炎、增生性肠炎、萎缩性鼻炎、大肠杆菌病、疥螨等）而导致病情恶化，死亡率增加。

（二）防治措施

预防本病的主要措施是清除传染源、切断传播途径。购猪、引种前必须检疫，确认无该病后方可引进，新引进的种猪要隔离。规模化猪场应彻底实行全进全出，至少要做到分娩舍和保育舍两个猪舍的全进全出。淘汰发病或带毒母猪。隔离饲养感染后康复的仔猪，育肥出栏后圈舍及用具应及时彻底消毒后再使用。坚决淘汰感染发病的种公猪。注意保持通风良好，经常消毒，防止本病的空气传播。

第二节　寄生虫疾病

一、猪蛔虫病

猪蛔虫病是由猪蛔虫引起的一种寄生虫病，主要危害 3~6 月龄的仔猪，造成生长发育不良、饲料消耗和屠宰内脏废弃率高，严重者可引起死亡。

（一）临床症状

病猪一般表现为被毛粗乱，食欲不振，发育不良，生长缓慢，消瘦，黄疸，消化机能障碍，磨牙，采食饲料时经常卧地，部分猪咳嗽，呼吸短促，粪便带血，严重时常从肛门处排出成虫。

（二）防治措施

搞好猪群及猪舍内外的清洁卫生和消毒工作。清除猪舍的感染性虫卵，母猪转入分娩舍前要清洗消毒，使猪群生活在清洁干燥的环境中。保持饲料新鲜、饮水清洁干净，减少寄生虫繁殖的机会。要定期按计划驱虫，规模化猪场首先要对全场猪驱虫，以后公猪、母猪每 3~4 个月用伊维菌素驱虫 1 次，仔猪转群时驱虫 1 次，新进的猪驱虫后再和其他猪并群。药物驱虫使用伊维菌素或阿维菌素（每千克体重 0.3 毫克，1 次口服）、左旋咪唑（每千克体重 8 毫克，1 次拌料喂服）等药物。对粪便进行集中发酵和无害化处理，以杀灭虫卵。

二、猪肺线虫病

猪肺线虫病是由猪肺线虫寄生于猪的支气管和细支气管而引起的一种线虫性肺炎。由于虫体呈丝状，故又称猪肺丝虫病。

（一）临床症状

主要症状为病猪阵发性咳嗽，呼吸急促，贫血，消瘦。常因幼虫移行带入病原菌，并发流行性感冒和病毒性肺炎。

（二）防治措施

（1）猪舍应建在干燥和地形较高的地方，避免潮湿和蚯蚓的滋生。要定期按计划驱虫。猪粪应堆积发酵处理。

（2）选用下列药物治疗。

①每千克体重用伊维菌素 0.3 毫克，1 次皮下注射或拌料喂服。

②每千克体重用阿维菌素 0.3 毫克，1 次皮下注射或拌料喂服。

③每千克体重用左旋咪唑 8 毫克，1 次拌料喂服。

④每千克体重用丙硫苯咪唑 10~20 毫克，1 次拌料喂服。

三、猪弓形体病

猪弓形体病又称猪弓形虫病，是由刚地弓形虫所引起猪的人畜共患病。

（一）临床症状

病猪精神沉郁，结膜发绀，皮肤发红，有的有紫红色斑块；呈稽留热（体温达 40~42 ℃，常发热 5~7 天）；呼吸困难；步态不稳，后躯摇晃；不吃料，喝清水，排粪球，尿黄尿；怀孕母猪可引起流产，产死胎、畸形胎、弱胎，弱胎产下数天内死亡，母猪流产后很快自愈，一般不留后遗症。

（二）防治措施

磺胺制剂效果良好。如甲氧苄氨、磺胺嘧啶钠、磺胺甲氧嗪等，静脉注射或肌内注射，每天 2 次，配合退烧药和维生素 B_1，连用 3 天即可。临床发现，停药后病猪仍有发热症状，这是因为滋养体虽已被包埋，但其产生的毒素仍在刺激猪只发热。只要药物用足够量，因包囊期基本形成，该病已经临床治愈，尽管还在发热，但可以不再用药。

四、猪球虫病

猪球虫病是一种由艾美耳属和等孢属球虫引起的以仔猪腹泻、消瘦及发育受阻，成年猪多为带虫者为特征的疾病。

（一）临床症状

猪球虫的种类很多，但对仔猪致病力最强的是猪等孢球虫。3 日龄的乳猪和 7~21 日龄的仔猪多发，主要临床症状是腹泻，持续 4~6 天，粪便呈水样或糊状，显黄色至白色，偶尔由于潜血而呈棕色。有的猪主要临床表现为消瘦及发育受阻。

（二）防治措施

（1）预防。搞好环境卫生：保证分娩舍清洁，及时清除粪便，彻底进行消毒。应限制非接产人员进入分娩舍，防止由鞋或衣服带入卵囊；大力灭鼠，以防鼠类机械性传播卵囊。

（2）治疗。可试用 5% 百球清混悬液治疗猪球虫病，剂量为每千克体重 20~30 毫克，口服，可使仔猪腹泻减轻，粪便中卵囊减少，必要时可肌内注射磺胺-6-甲氧嘧啶钠，可提高治疗效果。

五、猪疥螨病

猪疥螨病是由疥螨寄生在皮肤内而引起的猪最常见的外寄生

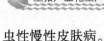

虫性慢性皮肤病。

（一）临床症状

由于处于持续性的剧痒应激状态，猪生长缓慢，饲料转化率降低，逐渐消瘦。因猪疥螨虫病是一种慢性消耗性疾病，不会造成大量死亡，所以对其引起的损失往往被忽视，而使大多数猪场蒙受巨大损失。本病通过接触传染，幼猪多发，以皮肤发痒和发炎为特征。病初从眼周、鼻上端、耳根开始，逐渐延至背部、体侧、股内侧或全身，主要表现为剧烈瘙痒、到处摩擦，甚至擦破出血，以致在脸、耳、肩、腹等处脱毛、出血、结痂，皮肤肥厚，形成皱褶和龟裂，即皮肤角质化。有的病猪皮肤出现过敏症状。

（二）防治措施

（1）每年对猪场全场进行至少2次的体内、体外的彻底驱虫工作，每次驱虫时间必须是连续5~7天。

（2）驱虫时既要注重体内、外猪疥螨，更要重视杀灭环境中的疥螨，否则效果不够彻底。

（3）对已经感染猪疥螨病的猪，可以选用药浴、喷洒、涂擦、拌料、注射等方法进行治疗处理。

药浴多选用20%的氰戊菊酯乳油，300倍液稀释，或2%双甲脒稀释液，全身药浴或喷洒治疗，连续用药7~10天。因为药物无杀灭虫卵作用，所以在第1次用药后7~10天，用相同的方法进行第2次治疗，以消灭孵化出的疥螨。

涂擦适用于个体病猪：先用温水湿敷，除掉痂皮，显露新鲜创面后，涂擦药物。

拌料多用伊维菌素类药物。

皮下注射杀螨制剂，可以选用1%伊维菌素注射液或1%多拉菌素注射液，应严格控制剂量。

六、猪虱病

猪虱虫病是因猪虱寄生而引起的一种寄生虫病。

（一）临床症状

猪虱多寄生于耳朵周围、体侧、臀部等处，严重时全身均可寄生。成虫叮咬吸血刺激皮肤，引起皮肤发炎，出现小结节，猪经常瘙痒和磨蹭，造成被毛脱落、皮肤损伤。幼龄仔猪感染后，症状比较严重，常因瘙痒不安，影响休息、食欲以至生长发育受阻。

（二）防治措施

（1）保持圈舍卫生、干燥；隔离病猪；用 10%～20% 生石灰水清洗及消毒圈舍；彻底消毒病猪接触的木栅、墙壁、饲槽及用具。

（2）选用下列药物治疗。

①每千克体重用伊维菌素或阿维菌素 0.03 克，皮下注射。

②烟叶 1 份、水 90 份，熬成汁涂擦猪体，每日 1 次。

③百部 30 克，加水 500 毫升煎煮半小时，取汁涂擦患部。

第三节 常见普通病

一、乳腺炎

乳腺炎是指母猪一个或几个乳腺因物理、化学、微生物等因素引发的急性或慢性炎症。

（一）临床症状

乳腺炎在饲养管理条件不好的猪场时有发生，临床上分为急性乳腺炎和慢性乳腺炎。

（1）急性乳腺炎。病猪有食欲减退、精神不振、体温升高等全身症状；患病乳腺局部有不同程度的红、肿、热、痛反应，泌乳减少或停止；乳汁有的稀薄，有的含乳凝块或絮状物，有的混有血液或脓汁；乳腺上淋巴结肿大。

（2）慢性乳腺炎。患病乳腺组织弹性降低；有的由于结缔组织增生而像砖块一样，致使泌乳能力完全丧失。

（二）防治措施

（1）急性乳腺炎：要全身应用有效抗生素，肌内注射，连用3~5天；患病乳腺应及时进行药物冷敷，以缓解炎性渗出和疼痛；局部封闭疗法效果好。

（2）慢性乳腺炎：治疗意义不大，特别是增生性的无治疗价值。

（3）预防：要加强分娩舍的卫生管理，保持猪舍清洁，定期消毒；母猪分娩时，尽可能使其侧卧，防止乳头污染；防止哺乳仔猪咬伤乳头。

二、子宫内膜炎

子宫内膜炎是由于分娩时产道损伤而引起的感染，是母猪常见的一种生殖器官的疾病。

（一）临床症状

子宫内膜炎发生后，常表现发情紊乱或屡配不孕，有时即使妊娠也易发生流产。本病一般为散发，有时呈地方流行性，常分为以下3种类型。

1. 急性型子宫内膜炎

急性型子宫内膜炎多发于产后及流产后，全身症状明显，母猪时常努责，体温升高，精神不振，食欲减退或废绝。母猪刚卧下时，阴道内流出白色黏液或带臭味、污秽不洁、红褐色黏液或脓性分泌物，黏于尾根部，腥臭难闻，病母猪不愿给仔猪哺乳。

2. 慢性型子宫内膜炎

慢性型子宫内膜炎多数是由急性型子宫内膜炎转化而来，全身症状不明显。病猪可能周期性地从阴道内排出少量混浊液体，推迟发情或发情紊乱，屡配不孕，严重者继发子宫积脓。

3. 隐性型子宫内膜炎

隐性型子宫内膜炎是指子宫形态上无明显异常，发情也基本正常，发情时可见从阴道内排出的分泌物较多、不清亮透明、略带浑浊，配种受胎率偏低。

（二）防治措施

（1）产后急性型子宫内膜炎：用0.05%苯扎溴铵或0.1%高锰酸钾溶液充分冲洗子宫，务必将子宫残留的炎性分泌物及液体全部排出，直至导出的洗液透明为止；再向子宫内注入抗生素；同时全身应用抗生素类药物。

（2）慢性型子宫内膜炎：可用抗生素反复冲洗子宫，洗后用抗生素+鱼肝油+垂体后叶素注入子宫内；灌服有关中药。

（3）预防：保持猪舍清洁干燥，人工授精及助产要按规范操作。

三、猪多发性皮炎

猪多发性皮炎是猪只皮肤表面出现的一种炎症。

（一）临床症状

多发性皮炎临床表现多样：有的光滑无毛，有的全身结痂，有的掉毛脱皮，有的全身起水疱，有的感染成脓疱等。这些都对猪的饲养、营养、生长和休息造成很大影响。

（二）防治措施

在分清发病原因的基础上，采取有针对性的预防和治疗措施。

（1）真菌主要感染哺乳仔猪，和分娩圈舍有很大关系，因此圈舍消毒至关重要。对已经感染的仔猪，可以用温消毒水泡澡，对耳朵、眼周和脸部泡不到的部位，可以用纱布浸泡于温消毒水中，然后湿敷局部，泡敷完后擦干猪体，再涂以克霉唑软膏。

（2）对疥螨和痒螨引发的皮炎，除局部处理外，要应用驱虫剂。

（3）对坏死杆菌引发的皮炎除局部处理外，要应用抗菌药物治疗。

（4）对病毒引发的皮炎，如慢性猪瘟、圆环病毒病等，按相应疾病予以治疗。

（5）对光过敏猪要避免强光照射，已经发病猪不要再次见光，皮肤皲裂的局部涂以药物软膏即可。

四、猪肢蹄病

猪肢蹄病是指猪四肢和四蹄疾病的总称，又称跛行病，是以姿势、步态和站立不正常为特征的一种疾病。该病已成为现代集约化养猪场淘汰猪的重要原因之一。

（一）临床症状

患猪采食正常，蹄裂，局部疼痛，不愿站立走动，驱赶后起立困难，病蹄不能着地。对躺卧猪的蹄部检查：发现触压猪有疼痛反应，关节肿大或脓肿，蹄面有长短不一的裂痕，少数患猪蹄底面有凸起，类似赘生物。蹄壳开裂或裂缝处有轻微出血，继而创口扩张，出血并受病原菌感染引发炎症，最终被迫淘汰。其他症状轻微，但生长受阻，种猪繁殖率下降，严重者患部肿胀，疼痛，行走时发出尖叫声，体温升高，食欲下降或废绝。

公猪群通常会出现四肢难以承受自身体重，导致无法配种和性欲下降，最后部分猪出现瘫痪、消瘦、卧地不起，因卧地少动可引发肌肉风湿。猪群的淘汰率大幅上升。

（二）防治措施

（1）喂给全价配合饲料，保证能量、蛋白质、矿物质、微量元素、维生素达到饲养要求。精心选育种猪，不要忽视对四肢的选育，选择四肢强化，高矮、粗细适中，站立姿势良好，无肢蹄病的公、母猪作种用；严防近亲交配，使用无亲缘关系的公猪交配，淘汰有遗传缺陷的公、母猪和仔猪，以降低不良基因的频率，特别是纯繁种猪场和人工授精站应采取更加严格的清除措施，不留隐患，提高猪群整体素质。另外，有条件的猪场应保证种猪有一定时间的户外活动，接受阳光，有利于维生素D的合成。运动是预防猪肢蹄病的主要措施之一。

（2）圈栏结构设计合理，猪舍地面应坚实、平坦、不硬、不滑、干燥、不积水、易于清扫和消毒。损坏后及时维修，地面倾斜度小于3°。坡度过大，易导致猪步态不稳，影响猪蹄结实度，引起姿势不正、卧蹄等缺陷。猪舍过度潮湿，猪蹄长期泡在水中，蹄壳变软，耐压程度大大降低，加上湿地太滑，蹄部损伤机会加大。

（3）抗炎应用抗生素、磺胺类药物等。在关节肿病例较多时，应在饲料中添加磺胺类药物或阿莫西林预防，同时患部剪毛后消毒，用生理盐水冲洗，再用鱼石脂软膏或氧化锌软膏涂于患部。种猪配种前，用4%～6%硫酸铜湿麻袋或10%福尔马林进行消毒。

（4）流血或已感染伤口涂碘酊，有条件的进行包扎上药如填塞硫酸铜、水杨酸粉、高锰酸钾、磺胺粉。用桐油250克加硫黄100克混合烧开，趁热擦患部。取血竭桐油膏（桐油150克熬

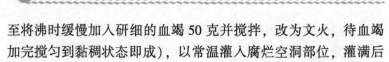

至将沸时缓慢加入研细的血竭 50 克并搅拌，改为文火，待血竭加完搅匀到黏稠状态即成），以常温灌入腐烂空洞部位，灌满后用纱布绷带包扎好，10 天后拆除。用药期间不能用水冲洗。

五、母猪产后瘫痪

母猪产后瘫痪又称产后麻痹或风瘫，是分娩前后突然发生的一种严重的急性神经障碍性疾病。

（一）临床症状

本病临床特征是知觉丧失和四肢瘫痪。病轻者起立困难，四肢无力，精神委顿，食欲减少。重症者瘫痪，精神沉郁，常呈昏睡状态，反射减弱或消失，食欲显著减退或废绝，粪便干硬量少，泌乳量降低或无乳。母猪常呈伏卧姿势，不让仔猪吃奶。

（二）防治措施

（1）给予怀孕母猪全价配合饲料，加强饲养管理。饲料中增加钙、磷及维生素 D 的供给，日粮中钙含量为 0.8%~0.9%，磷含量为 0.6%~0.8%，可起预防作用。此外，应给母猪补充青绿饲料。当粪便干燥时，应给猪喂硫酸钠 30~50 克或温肥皂水灌肠，清出直肠内积粪。必要时投服大黄苏打片 30 片，复方维生素 B_1 10 片。

（2）治疗时，应补钙、强心、补液、维持酸碱平衡和电解质平衡。静脉注射 10% 葡萄糖酸钙 100~150 毫升或氯化钙注射液 20~50 毫升，1 天 1 次，连用 3~7 天。使用氯化钙注射液时，应避免漏至皮下。对钙疗法无反应或反应不明显（包括复发）的病例，除诊断错误或有其他并发症之外，应考虑是母猪缺磷性瘫痪，宜静脉注射 15%~20% 磷酸二氢钠溶液 100~150 毫升，或者钙剂交换使用。但应注意，使用钙剂的量过大或注射速度过快，可使心率增快和节律不齐。

六、猪急性肠梗阻

猪急性肠梗阻即由于各种机械性原因，致使肠内容物后送障碍，临床出现急性腹痛和死亡的疾病。急性发作的主要有肠套叠和肠扭转。

（一）临床症状

肠套叠和肠扭转均会出现突然发病、不食、呕吐、臌气、弓背努责、腹痛呻吟等症状，但肠扭转不见或少见干硬粪便排出，而肠套叠则见排出带血稀便。猪的腹痛以在栏角边伏卧为主。

（二）防治措施

（1）该病主要靠加强管理来预防，天气突变时要注意保温，防止温差过大；猪舍周围要注意安静，避免突发的极强音响；改换饲料要有过渡期，以防发生应激等。

（2）该病药物治疗无效，确诊后应立即手术。由于发病突然，5小时左右即可死亡，加之诊断较困难，所以往往不能及时正确地给予治疗。

七、仔猪缺铁性贫血

仔猪缺铁性贫血又称仔猪营养性贫血，是指15日龄至1月龄哺乳仔猪由于缺铁所发生的一种营养性贫血性疾病。

（一）临床症状

本病发展缓慢，当缺铁到一定程度时出现贫血，有缺氧和含铁酶及铁依赖酶活性降低的表现。仔猪出生8~9天出现贫血现象，血红蛋白降低，皮肤及可视黏膜苍白，被毛粗乱，食欲减退，昏睡，呼吸频率加快，吮乳能力下降，轻度腹泻，精神不振，影响生长发育，并对某些传染病（如大肠杆菌、链球菌感染）的抵抗力降低，容易继发白痢、肺炎或贫血性心脏病而死亡。

（二）防治措施

（1）预防本病，应加强妊娠母猪的饲养管理，给予富含蛋白质、矿物质、无机盐和维生素的饲料。一般饲料中铁的含量较为丰富，应尽早训练仔猪采食。1周龄时即可开始给仔猪补料，补喂铁铜含量较高的全价颗粒饲料，或在补料槽中放置骨粉、食盐、木炭粉、红土、铁铜合剂粉末，任其自由采食。

（2）目前，给仔猪补铁最有效、直接的方法是采用喂服铁剂和肌内注射铁剂。在产后第5天开始，间隔数天，共2~3次向母猪乳房周围涂抹含硫酸亚铁、硫酸铜的淀粉或配制的糊剂，让仔猪通过哺乳吸食。

参考文献

常德雄，2020. 规模猪场猪病高效防控手册[M]. 北京：化学工业出版社.

郭庆宝，2018. 现代生态经济型养猪实用新技术[M]. 北京：中国农业大学出版社.

侯佐赢，2014. 猪病防治[M]. 北京：中国农业出版社.

李国平，周伦江，王全溪，2012. 猪传染病防控技术[M]. 福州：福建科学技术出版社.

王胜利，岁丰军，王春笋，等，2018. 猪病诊治彩色图谱[M]. 北京：中国农业出版社.

吴买生，武深树，2016. 生猪规模化健康养殖彩色图册[M]. 长沙：湖南科学技术出版社.